中华烹饪古籍经典藏书

宋氏养生部

（饮食部分）

[明] 宋诩 撰

中国商业出版社

图书在版编目（CIP）数据

宋氏养生部 . 饮食部分 /（明）宋诩撰 . -- 北京：
中国商业出版社，2023.7
ISBN 978-7-5208-2497-2

Ⅰ.①宋… Ⅱ.①宋… Ⅲ.①烹饪—史料—中国—明
代②饮食—史料—中国—明代 Ⅳ.① TS972.1

中国国家版本馆 CIP 数据核字（2023）第 092131 号

责任编辑：郑　静

中国商业出版社出版发行
（www.zgsycb.com　100053 北京广安门内报国寺 1 号）
总编室：010-63180647　编辑室：010-83118925
发行部：010-83120835/8286
新华书店经销
唐山嘉德印刷有限公司印刷
＊
710 毫米 × 1000 毫米　16 开　24 印张　210 千字
2023 年 7 月第 1 版　2023 年 7 月第 1 次印刷
定价：99.00 元
＊＊＊＊
（如有印装质量问题可更换）

中华烹饪古籍经典藏书
指导委员会
（排名不分先后）

委　员

林百浚	闫　図	杨英勋	彭正康	兰明路	赵将军
胡　洁	孟连军	马震建	熊望斌	王云璋	梁永军
唐　松	于德江	陈　明	张陆占	张　文	王少刚
杨朝辉	赵家旺	史国旗	向正林	王国政	陈　光
邓振鸿	刘　星	邸春生	谭学文	王　程	李　宇
李金辉	范玖炘	孙　磊	高　明	刘　龙	吕振宁
孔德龙	吴　疆	张　虎	牛楚轩	寇卫华	刘彧弢
王　位	吴　超	侯　涛	赵海军	刘晓燕	孟凡字
佟　彤	皮玉明	高　岩	毕　龙	任　刚	林　清
刘忠丽	刘洪生	赵　林	曹　勇	田张鹏	阴　彬
马东宏	张富岩	王利民	寇卫忠	王月强	俞晓华
张　慧	刘清海	李欣新	王东杰	渠永涛	蔡元斌
刘业福	王德朋	王中伟	王延龙	孙家涛	郭　杰
张万忠	种　俊	李晓明	金成稳	马　睿	乔　博

《宋氏养生部（饮食部分）》
工作团队

统 筹

刘万庆

注 释

陶文台　韩　江　辛　鑫　牛建鹏　赵将军

译 文

韩　江　辛　鑫　牛建鹏　赵将军

中国烹饪古籍丛刊
出版说明

国务院一九八一年十二月十日发出的《关于恢复古籍整理出版规划小组的通知》中指出：古籍整理出版工作"对中华民族文化的继承和发扬，对青年进行传统文化教育，有极大的重要性"。根据这一精神，我们着手整理出版这部丛刊。

我国的烹饪技术，是一份至为珍贵的文化遗产。历代古籍中有大量饮食烹饪方面的著述，春秋战国以来，有名的食单、食谱、食经、食疗经方、饮食史录、饮食掌故等著述不下百种，散见于各种丛书、类书及名家诗文集的材料，更是不胜枚举。为此，发掘、整理、取其精华，运用现代科学加以总结提高，使之更好地为人民生活服务，是很有意义的。

为了方便读者阅读，我们对原书加了一些注释，并把部分文言文译成现代汉语。这些古籍难免杂有不符合现代科学的东西，但是为尽量保持其原貌原意，译注时基本上未加改动；有的地方作了必要的说明。希望读者本着"取其精华，去其糟粕"的精神用以参考。

编者水平有限，错误之处，请读者随时指正，以便修订和完善。

中国商业出版社

1982 年 3 月

出 版 说 明

　　20世纪80年代初，我社根据国务院《关于恢复古籍整理出版规划小组的通知》精神，组织了当时全国优秀的专家学者，整理出版了"中国烹饪古籍丛刊"。这一丛刊出版工作陆续进行了12年，先后整理、出版了36册。这一丛刊的出版发行奠定了我社中华烹饪古籍出版工作的基础，为烹饪古籍出版解决了工作思路、选题范围、内容标准等一系列根本问题。但是囿于当时条件所限，从纸张、版式、体例上都有很大的改善余地。

　　党的十九大明确提出："深入挖掘中华优秀传统文化蕴含的思想观念、人文精神、道德规范，结合时代要求继承创新，让中华文化展现出永久魅力和时代风采。"做好古籍出版工作，把我国宝贵的文化遗产保护好、传承好、发展好，对赓续中华文脉、弘扬民族精神、增强国家文化软实力、建设社会主义文化强国具有重要意义。中华烹饪文化作为中华优秀传统文化的重要组成部分必须大力加以弘扬和发展。我社作为文化的传播者，坚决响应党和国家的号召，以传播中华烹饪传统文化为己任，高举起文化自信的大旗。因此，我社经过慎重研究，重新系统、全面地梳理中华烹饪古籍，将已经发现的 150 余种烹饪古籍分 40 册予以出版，即这套全新的"中华烹饪古籍经典藏书"。

此套丛书在前版基础上有所创新，版式设计、编排体例更便于各类读者阅读使用，除根据前版重新完善了标点、注释之外，补齐了白话翻译。对古籍中与烹饪文化关系不十分紧密或可作为另一专业研究的内容，例如制酒、饮茶、药方等进行了调整。由于年代久远，古籍中难免有一些不符合现代饮食科学的内容和包含有现行法律法规所保护的禁止食用的动植物等食材，为最大限度地保持古籍原貌，我们未做改动，希望读者在阅读过程中能够"取其精华、去其糟粕"，加以辨别、区分。

我国的烹饪技术，是一份至为珍贵的文化遗产。历代古籍中留下大量有关饮食、烹饪方面的著述，春秋战国以来，有名的食单、食谱、食经、食疗经方、饮食史录、饮食掌故等著述屡不绝书，散见于诗文之中的材料更是不胜枚举。由于编者水平所限，书中难免有错讹之处，欢迎大家批评指正，以便我们在今后的出版工作中加以修订和完善。

中国商业出版社

2022 年 8 月

本书简介

中国国家图书馆（原北京图书馆）收藏的明刻善本《宋氏养生部》，系明代宋诩所撰，写于明弘治甲子年（公元1504年）。关于宋诩的生平情况，后世几乎没有什么记载。仅《宋氏养生部》自序中曾提到一鳞半爪：宋家世居江苏松江，宋母朱太安人，幼随宋之外祖；长随宋父，长期居住北京，并随任在外地几个省会生活过。这位朱太安人是一位见多识广、多才多艺的家庭主妇，是一位善主中馈的烹任能手，宋诩之所以能写成此书，乃得之于其母的口传心授。

《宋氏养生部》专谈养生食物，计六卷。卷一载茶、酒、酱、醋四制；卷二记载了面食、粉食、蓼花、白糖、糖缠、蜜煎、糖剂、汤水八制；卷三、四记载了兽属、禽属、鳞属、虫属四制荤腥食品制法近400种；卷五记载菜果、羹菽两制，其中素菜制法有450余种；卷六记载杂造、食药、收藏、宜禁四制，包括其他食品的加工储藏方法160余种。这部书涉及的范围是很广泛的，东、西、南、北、中，五方之味齐全，但主要是北京、江苏两地的食品。

本书保存了相当数量的古代菜点的制作方法，兼收并蓄了1010种食物、1340多种制法。《吕氏春秋·本味》篇提到的"述荡之掔"究属何物？历来众说纷纭。很多人说它是怪兽，宋诩指出此物是熊掌，解释了多年来的疑团。又如《周礼》中载有"炮鳖"（应作"炰鳖"），现代一般人只能知道这个菜名，而不知其制法，因而失传，此书则作了记载，从本书中还可找到不少现代名馔的历史渊源。

本书在食品科学、烹任理论方面有新的贡献。对每一重要烹饪原料，都首先总介绍其初步加工的经验，然后再介绍具体菜点的制作方法，比《齐民要术》向前发展了一步，本书对传统烹调技术，作了概括分类。如烹又分清烹、辣烹、酒烹、酸烹、姜烹、酱烹六个小概念；烧则又分油烧、酱烧、蒜烧、清烧；蒸则又分和糁蒸、和粉蒸等。这在食品科学技术理论方面，应该说是一个很重要的进步。

同许多烹饪古籍一样，这部书同样存在着历史的局限性。比如书中记载的许多食品都用缩砂仁和花椒等配料来调味，而实践证明，这不一定是最好的吃法。到了清代的许多食品专著里，就很少用此类配料了。又如少数地方还有封建迷信说教，也是必须摒弃的。

中国国家图书馆收藏的《宋氏养生部》，书中有若干旁批、眉批。不知出自何人之手笔。这些旁批、眉批对于理解本书内容会有一定帮助，故在注释、译文时将重要的部分录在本书。

中国商业出版社

2023年1月

目 录

序⋯⋯⋯⋯⋯⋯⋯⋯⋯⋯001

卷 一

茶制⋯⋯⋯⋯⋯⋯⋯⋯⋯009
　煮茶⋯⋯⋯⋯⋯⋯⋯⋯009
　汲水⋯⋯⋯⋯⋯⋯⋯⋯010
　茶香⋯⋯⋯⋯⋯⋯⋯⋯011
　茶果⋯⋯⋯⋯⋯⋯⋯⋯012
　茶菜⋯⋯⋯⋯⋯⋯⋯⋯013
　饮茶⋯⋯⋯⋯⋯⋯⋯⋯015

酒制⋯⋯⋯⋯⋯⋯⋯⋯⋯016
　传酵酒⋯⋯⋯⋯⋯⋯⋯016
　浮酵酒⋯⋯⋯⋯⋯⋯⋯018
　无酵酒⋯⋯⋯⋯⋯⋯⋯020
　雪香酒⋯⋯⋯⋯⋯⋯⋯020
　栀曲酒⋯⋯⋯⋯⋯⋯⋯021
　金盘露⋯⋯⋯⋯⋯⋯⋯022

省曲酒⋯⋯⋯⋯⋯⋯⋯⋯023
清酒⋯⋯⋯⋯⋯⋯⋯⋯⋯025
碧清酒⋯⋯⋯⋯⋯⋯⋯⋯026
分春酒⋯⋯⋯⋯⋯⋯⋯⋯026
生酒⋯⋯⋯⋯⋯⋯⋯⋯⋯027
熟酒⋯⋯⋯⋯⋯⋯⋯⋯⋯030
醴酒⋯⋯⋯⋯⋯⋯⋯⋯⋯030
烧酒⋯⋯⋯⋯⋯⋯⋯⋯⋯031
菖蒲酒⋯⋯⋯⋯⋯⋯⋯⋯031
蒾苙酒⋯⋯⋯⋯⋯⋯⋯⋯032
苍耳酒⋯⋯⋯⋯⋯⋯⋯⋯032
天门冬酒⋯⋯⋯⋯⋯⋯⋯032
地黄酒⋯⋯⋯⋯⋯⋯⋯⋯033
五加皮酒⋯⋯⋯⋯⋯⋯⋯033
片脑酒⋯⋯⋯⋯⋯⋯⋯⋯033
木香酒⋯⋯⋯⋯⋯⋯⋯⋯034
白豆蔻仁酒⋯⋯⋯⋯⋯⋯034
缩砂仁酒⋯⋯⋯⋯⋯⋯⋯034
苏合香丸酒⋯⋯⋯⋯⋯⋯034

桂花酒·············035

松针酒·············035

松节酒·············035

万年酒·············036

长春酒·············036

胡桃烧酒·············037

杏仁烧酒·············038

长生酒·············038

腊酒糟·············039

醅子糟·············039

酱制·············**040**

小麦生酱·············040

小麦酱油·············041

小麦生熟酱·············042

麦饼熟酱·············042

二麦熟酱·············043

豆麦熟酱·············043

豌豆酱·············043

麻莝酱·············044

逡巡酱·············044

醋制·············**046**

社醋·············046

腊醋·············047

伏醋·············048

四时醋·············049

长生醋·············050

须臾醋·············050

神仙醋·············051

枣子醋·············052

炒麦醋·············052

大麦醋·············053

小麦麸醋·············053

糖醋·············055

酒醋·············056

卷 二

面食制·············**059**

鸡面·············059

𪌠汤·············060

虾面·············061

鸡子面·············061

豆面·············061

莱菔面·············062

槐叶面·············062

山药面·············063

扯面 …………… 063

索面 …………… 064

细棋子面 …………… 064

玲珑面 …………… 065

馄饨 …………… 065

包子 …………… 067

汤角 …………… 068

馒头 …………… 068

酵 …………… 069

腥馅 …………… 069

素馅 …………… 070

蒸卷 …………… 071

糕 …………… 071

薄饼 …………… 072

蒸饼 …………… 073

春饼 …………… 073

荞饼 …………… 073

油烙卷 …………… 074

油煎卷 …………… 074

新韭饼 …………… 075

脂肪饼 …………… 075

千层饼 …………… 076

薄焦饼 …………… 076

回回煎饼 …………… 077

酥皮角儿 …………… 077

蜜透角儿 …………… 077

煠饼 …………… 078

烧饼 …………… 078

糖酥饼 …………… 079

蜜酥饼 …………… 079

酥油饼 …………… 080

蜜和饼 …………… 080

糖面饼 …………… 081

复炉饼 …………… 081

香露饼 …………… 082

一捻酥 …………… 082

透糖 …………… 083

香花 …………… 083

松花 …………… 083

糖花 …………… 084

芝麻叶 …………… 084

猪耳 …………… 084

巧花儿 …………… 084

馓子 …………… 085

粉食制 …………… **087**

水磨丸 …………… 087

水浮丸 …………… 087

小裹金丸…………088

团…………088

糕…………089

饼…………090

乳粉饼…………091

油虚茧…………091

豆裹馉…………091

粽…………092

馉…………092

风消糖…………093

甘露饼…………093

芙蓉叶…………094

玉茭白…………094

骨髓饼…………095

山药糕…………095

莲葯糕…………095

茨糕…………095

栗糕…………096

松黄糕…………096

炒米糕…………096

米糷…………097

二粉片…………097

蓼花制…………**098**

蓼花…………098

檀香球…………098

七香球…………098

芝麻球…………099

薄荷球…………099

白糖制…………**100**

白糖…………100

酥卷糖…………100

藕丝糖…………101

糖缠制…………**102**

糖缠…………102

宜入糖缠物…………102

蜜煎制…………**104**

杨梅…………104

橙子、佛手柑…………104

金桔、牛乳柑、金豆
…………105

梅子…………105

李子…………106

林檎、频婆…………106

枣子…………………107

枇杷…………………107

樱桃…………………107

木瓜、羊桃…………108

橄榄、梧桐子………108

藕……………………109

竹笋、芦笋…………109

茭白…………………109

蒲蒻…………………109

姜、地姜……………110

桑椹…………………110

茄……………………110

冬瓜…………………111

襄荷…………………111

天茄…………………111

刀豆…………………111

豇豆…………………111

地黄…………………112

商陆…………………112

木通…………………112

天门冬………………112

天麻…………………112

菖蒲…………………113

蜜枣酥………………113

蜜霜梅………………113

闽广所产宜制者……114

花香宜入膏者………115

花无毒宜煎者………115

糖剂制………………117

衣梅…………………117

天仙杨梅……………117

糖椒梅………………118

糖紫苏梅……………118

糖薄荷梅……………118

糖卤梅………………119

糖李…………………119

糖橙、金桔、牛乳柑、

　干小桔……………119

糖木瓜………………119

糖冬瓜………………119

糖竹笋………………120

糖天茄………………120

糖襄荷………………120

糖姜…………………120

糖豇豆………………120

糖莱菔、茄…………120

汤水制·················122
　水芝汤·············122
　不老汤·············122
　香薷汤·············123
　姜汤···············123
　米汤···············123
　麦汤···············123
　梅酥汤·············124
　天香汤·············124
　春元汤·············124
　凤髓汤·············124
　无尘汤·············125
　香糖渴水···········125
　林檎渴水···········125
　葡萄渴水···········126
　杨梅渴水···········126
　木瓜渴水···········126
　五味渴水···········127
　沈香熟水···········127
　丁香熟水···········128
　豆蔻熟水···········128
　紫苏熟水···········128
　香橼汤·············128
　甘菊汤·············129

　椒枣汤·············129
　杏姜汤·············130

卷　三

兽属制·················**133**
　牛···············133
　牛脩·············134
　牛脯·············134
　生爨牛···········135
　熟爨牛···········135
　盐煎牛···········136
　油炒牛···········136
　牛饼子···········137
　火牛肉···········137
　熏牛肉···········137
　生牛腊···········138
　熟牛羓···········138
　乳饼·············139
　乳线·············139
　抱螺·············139
　马···············139
　驴···············140
　羊···············140

烹羊…………………140

燖羊…………………141

生爨羊、腥爨羊……141

熟爨羊………………142

油炒羊………………142

酱炙羊………………142

炕羊…………………143

火羊肉………………144

猪……………………144

烹猪…………………145

蒸猪…………………145

盐酒烧猪……………146

盐酒烹猪……………146

燖猪…………………146

盐煎猪………………147

酱煎猪………………147

酱烹猪………………148

酒烹猪………………148

酸烹猪………………149

猪肉饼………………149

油煎猪………………150

油烧猪………………151

酱烧猪………………151

清烧猪………………152

蒜烧猪………………152

藏蒸猪………………152

藏煎猪………………153

火猪肉………………153

风猪肉………………154

冻猪肉………………154

和糁蒸猪……………155

和粉蒸猪……………155

盐猪耙………………155

糖猪耙………………156

油爆猪………………156

火炙猪………………156

手烦猪………………157

生猪脍………………157

熟猪脍………………158

熟猪肤………………158

猪豉…………………158

烧猪…………………159

犬……………………159

烹犬…………………159

燖犬…………………159

煨犬…………………160

腌犬…………………160

鹿……………………160

鹿炙……………………160

鹿脯……………………161

火鹿肉…………………161

兔………………………161

　炙兔…………………161

　腌兔…………………162

　油炒兔………………162

　盐煎兔………………162

野马……………………162

犀牛、牦牛、犏牛、爆牛、

　山牛、野驴…………162

麂………………………163

獐………………………163

黄羊、羱羊……………163

野猪……………………163

豪猪……………………164

水獭……………………164

狼………………………164

狐………………………164

玉面狸…………………164

野猫……………………165

笋稚……………………165

黄鼠……………………165

虎肉、豹肉、貔肉……166

驼峰、驼蹄……………166

熊掌……………………166

千里脯…………………167

香脯……………………168

糟………………………168

煼………………………169

暴腌……………………169

生………………………169

熟牛胃…………………169

驴肠……………………170

羊脯、肠、胃、肾、

　血……………………170

猪肺、肚、肝、肠、

　肾、血………………170

鹿肺、肝、肠、胃、

　血……………………172

禽属制…………………**173**

鹅………………………173

　烹鹅…………………173

　油爆鹅………………174

　烧鹅…………………174

　蒸鹅…………………175

　盐炒鹅………………175

油炒鹅 …………… 175

酒烹鹅 …………… 176

熟鹅鲊 …………… 176

生鹅鲊 …………… 176

鹅醢 ……………… 177

火鹅 ……………… 177

鸡 ………………… 177

烹鸡 ……………… 178

烧鸡 ……………… 178

油煎鸡 …………… 178

油爆鸡 …………… 179

蒜烧鸡 …………… 179

酒烹鸡 …………… 179

辣炒鸡 …………… 180

熏鸡 ……………… 181

烘鸡 ……………… 181

鸡生 ……………… 182

熟鸡鲊 …………… 182

生鸡鲊 …………… 183

冻鸡 ……………… 183

藏鸡 ……………… 183

火鸡 ……………… 184

鸡豉 ……………… 184

鸭 ………………… 184

烧鸭 ……………… 184

炙鸭 ……………… 185

盐煎鸭 …………… 185

油煎鸭 …………… 185

酱烹鸭 …………… 185

火鸭 ……………… 186

野鹅、野鸡、野鸭、
  蚊鸡、鸠鸽之属 …… 186

天鹅、鹕鹕、雁、灵鸡、
  鸂鹭、鹰鹊、白鹇、
  绵鸡之属 ………… 187

黄雀 ……………… 187

  黄雀炙 …………… 187

  黄雀鲊 …………… 188

竹鸡、鹨鸱、练鹊、
  鹌鹑、铁脚之属 …… 189

山鹁鸽、刺毛鹰、鹡鸰、
  秋禽之属 ………… 189

暴腌 ……………… 190

焖 ………………… 190

糟 ………………… 190

生 ………………… 191

肺、肝、血 ………… 191

卵 ………………… 192

卷 四

鳞属制·····················199
　鲥鱼·····················199
　　蒸鲥鱼·················199
　鳈鱼·····················200
　　辣烹鳈鱼···············200
　　鳈鱼鲊·················200
　鲟鱼·····················201
　　烹鲟鱼·················201
　　鲟鱼鲊·················201
　鲳鱼、石首鱼、鳜鱼、
　　勒鱼、鲻鱼、鲈鱼、
　　八带鱼之类···········202
　鲨鱼、马交鱼、板鱼、丫
　　鳜鱼、乌贼之类······202
　赤鱼、地青鱼之类······203
　大鲝鱼、梅鱼、黄鲫之属
　　·······················203
　冻鱼·····················204
　青鱼、鲢鱼···············204
　　蒸·····················204
　鲻鱼、鲍鱼···············205

　　姜烹·····················205
　鳜鱼、乌鱼···············206
　　汤㸆·····················206
　鳊鱼、大鲝鱼、鲈鱼、
　　鲦鱼之类···············207
　　酒烹·····················207
　吹沙、虾虎、针头鱼、
　　子鲝鱼、比目鱼、
　　鲂皮鱼、斑鱼、
　　箭头鱼、玉箸鱼、
　　银鱼之类···············208
　　辣烹·····················208
　鲤鱼·····················209
　　酱烧鲤鱼···············209
　　清烧鲤鱼···············209
　鲫鱼·····················210
　　辣烹鲫鱼···············210
　　法制鲫鱼···············210
　河豚·····················211
　　烹河豚·················211
　鳅·······················212
　　炙鳅···················212
　鳗鲡·····················212
　　酱沃鳗鲡···············212

辣烹鳗鲡……………213
鳝……………213
　蒜烧鳝……………213
　糊鳝……………213
梭鱼……………218
酥鱼……………218
花鳅……………218
孩儿鱼……………218
大口鱼……………219
龙脯……………219
银鱼干……………219
烘鱼……………220
白鲞……………220
鲋鱼子、鲳鱼子、鳜鱼子
　……………220
鲨鱼子干……………220
明脯须干……………221
鲨鱼鳍干……………221
冻鱼尾干……………221
腌鱼子膘……………221

虫属制……………222
鳖、鼋……………222
　烹鳖……………222

炰鳖……………223
鲮鲤……………223
蛙、山鸡……………224
　酒烹田鸡……………224
　辣烹田鸡……………224
　田鸡饼子……………224
　熏田鸡……………225
　烘田鸡……………225
　腌田鸡……………225
　沃田鸡……………225
　田鸡炙……………226
　田鸡豉……………226
虾……………226
　青虾、龙虾……………226
　白虾……………227
　虾腐……………227
　油炒虾……………228
　盐炒虾……………228
　生暴虾、绵虾……………228
　生酱虾……………228
　生酒虾……………229
　生腌虾……………229
望潮……………229
水母……………230

黄甲··············230

白蟹··············231

　蒸白蟹··············231

　螃蟹··············231

　烹蟹··············231

　烧蟹··············231

　芙蓉蟹··············232

　玛瑙蟹··············232

　五味蟹··············233

　酒蟹··············233

　油炒蟹··············234

　糟蟹··············234

　酱蟹··············235

　蟹胥··············235

蝤蛑··············236

涩蟹··············236

鲎··············236

蛎房··············237

蚶··············237

　烹蚶··············237

　酒蚶··············238

蛤蜊、蛏、石决明、白蚬、

白蛤、车螯之类·····238

　清烹··············238

为鲊··············238

咸蛏··············239

淡菜··············240

虭脚··············240

将军帽··············240

江瑶柱··············240

泥螺··············241

蛛··············241

蚌··············241

螺蛳、田螺、蓼螺·····242

黄蛤··············242

海蛳··············242

蛏鼻子··············242

虾子··············243

蟹子··············243

鲎子··············243

卷　五

菜果制··············**247**

醃··············247

沃··············252

油酱炒··············255

油醋和··············257

酱渍……………………258

醋浸……………………261

油炒……………………262

油煎……………………265

糖醋……………………266

醋烧……………………267

盐腌……………………268

控干……………………271

晒炙……………………272

煮………………………279

糁………………………282

蒸………………………283

熏………………………283

蒜醋和…………………284

蒜盐和…………………285

芥辣和…………………285

酒糟和…………………285

炒………………………287

脯………………………288

生………………………289

草之生于野而无毒者皆

　可食…………………290

木之初发芽无毒者皆

　可用…………………292

羹臡制…………………**293**

总论……………………293

日月肠…………………295

胜鲟鱼…………………295

一捻珍…………………296

隽永胾…………………296

水陆珍…………………296

酥果膏…………………297

筋肤髓…………………297

舌掌跖翅肠胃肝肺肾子

　………………………297

肥瀹粉荸荠粉烫索者、

　绿豆软粉索粉………298

卷　六

杂造制…………………**301**

造茶……………………301

水木犀…………………301

栭饼……………………302

南枣……………………302

北枣、牙枣、红枣、

　圈枣…………………303

葡萄干…………………303

梨干……………………303

桃干……………………303

李干……………………303

巴思把饼儿……………304

蜜瓤瓜…………………304

梅酥……………………304

果单……………………305

细酸……………………305

风栗……………………306

风菱、菱粉……………306

风藕、藕粉……………306

风地栗…………………306

细糖……………………306

杂果糕…………………307

五美姜、姜粉…………307

松黄饼…………………308

蒲黄饼…………………308

雪花饼…………………308

绿豆粉糕………………308

赤砂糖…………………309

白砂糖…………………309

糖霜、皮糖……………310

蕨粉、葛粉……………311

面筋……………………311

红花子膏………………311

绿豆粉…………………312

芝麻腐…………………312

豆腐……………………313

乳饼……………………314

乳线……………………314

酥、抱螺………………315

乳腐……………………315

羊羔酒…………………316

蜜酒……………………316

赛葡萄酒………………316

荸荠粉…………………317

菱腐、藕腐……………317

蒸果……………………317

蒸蔬……………………318

绿豆芽、赤豆芽………318

芥辣……………………318

松仁油…………………319

杏仁油…………………319

大麻子油………………319

芝麻油…………………319

花椒子油………………320

糖香……………………320

合香头…………………320

红曲……………321

浆水……………321

蘦水……………321

果品等物宜生宜干宜
　制用未尽者………322

远方一时难制之物……324

食药制……………**326**

桂花饼……………326

香茶饼……………327

橙糕……………327

柤糕……………328

紫苏糕……………329

梅苏膏饼……………329

甘露膏饼……………329

法制陈皮……………330

法制半夏……………330

法制缩砂仁……………331

法制草豆蔻……………331

法制槟榔……………331

法制杏仁……………332

法制生姜……………332

法制糖球子……………333

丁香饼子……………333

丁沈煎丸……………334

姜附丸……………335

曲蘗枳术丸……………336

八仙散……………336

醍醐汤……………336

寇相入朝汤……………337

厚朴汤……………337

草果汤……………338

收藏制……………**339**

总论……………339

远藏新果……………348

藏五谷……………348

宜禁制……………**353**

宜制……………353

禁制……………354

序

序

（底本缺一页）……也。失其宜则失其味，而害所由兴，非以小体①不足以养也。李德裕辨江心之水②，谢混献豚项之脔③，苻朗知露宿之鸡④，崔浩⑤识鼎中之味，古人多究心饮食者，或曾不得染指⑥于鼎俎之间，无怪乎耳食⑦者众矣。

【译】……处理不当就失去食物的美味，而且危害由此兴起，不进用饮食，就不足以荣养身体。李德裕能辨别江中心的水，谢混献给晋元帝的是猪脖子上的美肉，苻朗能知道露天过宿的鸡，崔浩能认识食鼎中的珍味。有许多深入研究饮食的古人，有的从来没有尝过美味佳肴，难怪（现在）还

---

① 小体：口腹饮食之事，儒家认为是小事，故称小体。

② 李德裕辨江心之水：五代后唐尉迟偓《中朝故事》云：李德裕居庙廊日，有亲知奉使京口（今江苏镇江），李曰："还日，金山下扬子江中泠（líng）水取一壶来。"李德裕，唐敬宗时人。

③ 谢混献豚项之脔：《晋书·谢混传》云：晋元帝即位前，镇守建业，时财用不足，每得一猪，视为珍膳。猪项上有块肉味美，部下辄以献帝，不敢自吃，称为"禁脔"。

④ 苻（fú）朗知露宿之鸡：裴景仁《秦书》云：朗字元达，苻坚从兄，善识味。会稽王道子为设精馔食讫，问关中之食勃若此？朗曰：皆好，惟盐味小生。即问宰夫，如其言。或人杀鸡以食之，则曰：此鸡恒栖半露。问之亦验。又食鹅炙，知白黑之处，咸试而记之，无毫厘之差。苻朗，前秦将领，氐族。

⑤ 崔浩：《魏书·崔浩传》云：浩，北魏清河人。著有《食经》九卷。

⑥ 染指：《左传·宣公四年》：楚人献鼋（yuán）于郑灵公，公子宋与子家将见，子公之食指动，以示子家曰："他日我如此，必尝异味。"……及食大夫鼋，召子公而弗予也。子公怒，染指于鼎，尝之而出。

⑦ 耳食：仅仅听说过，并未亲口尝过。

有许多仅仅听说过、并未尝过的人。

夫天之生物以养人，人可反以养人者害人？故事长奉亲必先尝食，是岂可以无制而遂得其味之宜？何以为养人？何以为害人乎？矧①家之事，有祖先焉，有老幼焉，有宾客焉，饮食之奉不可一日无而苟焉者。故俎豆及妇人，而献酬②必于男子。虽孟子曰："饮食之人，则人贱之"，果得饮食之正，而小体孰非躯命所关也哉！

【译】上天生万物是用来荣养人的，人岂可以用养人的食物去害人？所以服侍尊长、孝奉双亲，必先自己尝食。要做到这样岂能没有制度就可得到适宜的食味？怎样做是荣养人？怎样做又是害人？况且一家之事，有祖先在，有老幼在，有宾客在，饮食的供奉不可以一天没有，而且不可以马虎和苟且的。所以盛装食物使用俎豆可派妇女做，但是祭祀神灵献酒必须是男子。虽然孟子说过："饮食之人，则人贱之"，如果得到饮食的正确规律，那么口腹小事，哪一件不是人们生命攸关的（大事）呢？

余家世居松江，偏于海隅，习知松江之味，而未知天下之味竟为何味也。家母朱太安人③幼随外祖，长随家君④，久

---

① 矧（shěn）：况且。

② 献酬：献酒。行典礼时"献酬必于男子"，是一种重男轻女的封建礼教。

③ 安人：宋徽宗时所定命妇封号，在宜人之下，自朝奉郎以上，至朝散大夫之妻封之。明、清则为六品官之妻的封号，如系封给母及祖母，称太安人。

④ 家君：对自己父亲的称呼。

处京师①，暨任二三藩臬之地②，凡宦游③内助之贤，乡俗烹饪所尚，于问④遗⑤饮食，审其酌量调和，遍识方土味之所宜，因得天下味之所同，及其肯綮⑥。虽鸡肋⑦羊肠亦有隽永存之而不忍舍。至于祭祀宴饮，靡不致谨。又子孙勿替引长之事，余故得口传心授者，恐久而遗忘，因备录成帙⑧，而后知天下之正味，人心所同，有如此焉者；非独易牙⑨之味可嗜也。噫嘻！天果生物以养人耶？抑使人自不失其养耶？故题曰《养生部》。

弘治甲子⑩五月既望⑪

白沙宋诩识

【译】我家相辈居住在松江，偏在海边，了解和熟悉松

---

① 京师：京城，即北京。

② 藩臬（niè）之地：省会。藩，系藩司或藩台的简称，即布政使，明代为一省最高行政长官。臬，系臬司或臬台的简称，即按察使，明代主管一省司法的长官。

③ 宦游：到外地做官的。

④ 问：问候。

⑤ 遗（wèi）：赠送。

⑥ 肯綮（qìng）：原指筋骨结合之处，此处指关键、要领。

⑦ 鸡肋：鸡肋肉少骨多，俗有"食之无味，弃之可惜"之说。

⑧ 成帙（zhì）：成为一部书。帙，指包书的套子，引申为一部书。

⑨ 易牙：春秋时代一位著名的厨师，也有写成狄牙的。他是齐桓公宠幸的近臣，用为雍人。易牙是第一个运用调和之事操作烹饪的庖厨，好调味，很善于做菜。易牙作为雍人，擅长于调味，所以很得齐桓公的欢心。因为他是厨师出身，烹饪技艺很高，他又是第一个开私人饭馆的人，所以他被厨师们称作祖师。

⑩ 弘治甲子：公元 1504 年。

⑪ 既望：农历十六。

江的食味，但是不知道天下的食物究竟是什么口味。我的母亲朱太安人，她从小跟随外祖父，长大了跟随我父亲，长时期居住京城，并且在外祖父和父亲做官时，曾到过几个省的省会所在地，凡是遇到各地官员眷属中的烹调能手，乡土习俗流行的烹饪风尚，或在互相馈赠相宜的地方，因而得到天下味的相同规律和制作这些食物的关键宴请当中，总要审度食物的分量与调味，普遍认识地方土产风味要领，虽然是鸡肋、羊肠这样的下脚原料，也因有隽永之味保存而舍不得抛弃的。至于祭祀、宴会（所用饮食），没有不精心制作的。又考虑到子孙不能中断继承前辈、长者的事业，我过去得到（母亲）口传心授的经验，恐怕时间久远而遗忘掉，所以详尽地记录下来并装帧成册。书成以后才知道天下的正味，人心所共同爱好的，都像这样子，并不是仅仅名厨师易牙烹制的美味才可使人经常喜爱。哎呀，上天生万物，果然是用来养人的呢？还是使人们自己不失去应得荣养呢？所以题写本书名为《养生部》。

弘治甲子年五月十六

白沙宋诩识

卷

一

茶制
产地甚多，名者为贵。

煮茶

《茶经》①云："一曰茶，二曰槚②，三曰蔎③，
四曰茗④，五曰荈⑤。"

取垆炼火⑥，汲清甘之水，注铛⑦煎之，如蟹眼⑧者，正
熟汤也；至鱼眼则过熟，不堪用矣。先以汤洗，茶投壶方酌
以汤，仍以壶隔汤煮，其色青黄可就供也。然茶多则味浊，
茶少则味清，《茶经》云：茶少汤多，则云脚散，汤少茶多
则乳而聚。涤器⑨不洁而杂以油腻等物，皆能败味。或多用
茶纳小器，少沃以汤，再隔汤微煮甚浓，随多寡滴入于汤壶
中亦佳。苏子瞻《汲水煎茶》诗云："活水还须活火烹，自

① 《茶经》：书名。唐代陆羽著。

② 槚（jiǎ）：茶树。

③ 蔎（shè）：香草。也是茶的别称。

④ 茗（míng）：茶芽。

⑤ 荈（chuǎn）：茶的老叶，即粗茶。

⑥ 炼火：木炭火、焦炭火等无烟之火。

⑦ 铛（chēng）：烙饼或者做菜用的平底浅锅。

⑧ 蟹眼：古时称煮茶之水沸腾之前的状况，即水中出现小泡泡，气泡如螃蟹眼大小，
水温在七八十摄氏度。

⑨ 涤器：洗涤器物。

临钓石取深清。"谢宗可①《茶筅②》诗云："万缕引风归蟹眼、半瓶飞雪起龙芽。"按《茶品》："岕③第一,虎丘④二,松萝⑤三,伏龙⑥四。"

【译】取木、炭火,从井里打来清亮甘甜的水,倒入铛中煮,水煮到气泡如螃蟹眼大小,为"熟汤"。水煮到气泡如鱼眼大小就过了,就不能用了。先用热水洗茶,茶投入茶壶后才可以斟酌着加入热水,仍用壶隔着热水来煮,其颜色青黄就可品了。然而茶叶多了味道会浑浊,茶叶少味道会清新。洗涤的器物不干净而混合油腻等物,都会影响茶的味道。或者将很多茶放入小的器物中,少加热水,再隔水微煮至浓,根据多少滴入汤壶中亦很好。

汲水

《茶录》云："水泉不甘,能损茶味。"

天下之水扬子江心金山中泠泉为上,南零水次之,井水又次之。《茶经》云："水恶停浸而喜泉源,江水为泉水。

---

① 谢宗可:元代文学家。

② 筅(xiǎn):炊帚,用竹子等做成的刷锅、碗的用具。

③ 岕(jiè):岕茶,产于浙江长兴,因在长兴罗解两山之间而得名。又因种者姓罗,故也称罗茶,为长兴著名品种,明冯可宾有《岕茶笺》,熊明遇有《罗岕茶记》。

④ 虎丘:在苏州城西北,其地产茶亦为名品。

⑤ 松萝:松萝茶,产于安徽歙县松萝山。此处底本旁批:可见松萝二百年前已有名矣。注释者按:后文有旁批、眉批多处,据此条旁批,知批者为弘治甲子年(公元1504年)二百年后的清代人。

⑥ 伏龙:茶名。

杂井取汲者多。"《一统志》云："中泠泉在金山寺内，江心水谓之南零水。"欧阳永叔①《大明水记》、张又新云刘公伯刍较水，又载陆羽为李季卿论水，全不合，人亦少遇。水之所出，今名乡土有井水，渐至渫②而甘香者，皆可繘③汲之也。渫，七洽切，繘，音桔。按水品更有尧封第一、慧泉第二、梅雨最上。

【译】天下的水以扬子江心金山中泠泉为最好，南零水其次，井水再次。

茶香

凡桂花、茉莉花、片脑④香物类，惟用轻绡⑤或薄纸苴⑥子鱼切纳茶中，香自裹化⑦。润则纸藉⑧炼火上，焙燥而收，不宜散和于内，混淆其味，致茶香不分。茶薓⑨坋⑩房吻切之，每茶一壶入匕⑪许，甚协茶味之甘美。倪云林⑫云："凡

① 欧阳永叔：欧阳修。

② 渫（xiè）：淘去污泥。

③ 繘（jú）：汲井水用的绳索。

④ 片脑：龙脑香片，亦称"冰片"。

⑤ 绡（xiāo）：生丝织成的薄绸、薄纱。

⑥ 苴（jū）：这里意为包裹起来。

⑦ 裹（yì）化：香气融入（茶中）。

⑧ 藉：垫在下面的东西。

⑨ 薓（dēng）：大叶茶树，叶可揉碎泡饮。

⑩ 坋（fèn）：弄碎拌和。

⑪ 匕（bǐ）：古代一种形似汤勺的取食用具。

⑫ 倪云林：元代大画家，无锡人，名瓒，号元镇。

有香无毒之花，皆可入茶。"

【译】凡是桂花、茉莉花、龙脑香片等香料，只有将香料用薄绸或薄纸包裹起来放入茶中，让香气融入茶中。茶包湿润后用纸垫在下面放在炭火上，烘烤干燥后收贮，不要将花散布在茶内，这样会混淆茶的气味，导致分不出茶香。将大叶茶树的叶子弄碎后拌和，每一壶所用的茶加入一小勺，会让茶的味道更甘美。

茶果

栗肉炒熟者，凡戾①者，皆去皮、壳。

胡桃仁钳去壳，汤退去皮。

榛仁击去壳，汤退去皮。

松仁击去壳，汤退去皮。

西瓜子仁捶②去壳，微焙。

杨梅核仁捶去壳。

莲心③去壳微焙。

莲薂④鲜者削去皮、壳，干者水浸去皮薏，或煮熟。

薂，音地；薏，音亿。

乌榄核仁汤退去皮。

人面核仁

---

① 戾（lì）：这里是风干、晾干的意思。

② 捶：敲打。

③ 莲心：莲子中的绿色胚芽。

④ 莲薂（dì）：古指莲子。

椰子剖用，肉切。

橄榄《太平广记》曰："南威[1]，银、石器捣取汁。"

银杏烧熟，去皮壳。

梧桐子仁剪去壳。

芡实煮熟，钳剥其肉。

菱实鲜者去皮壳，风戾者煮熟去皮壳。

【译】（略）

茶菜

芝麻水浸捣去皮，焙燥扬洁，汤煮。

胡荽[2]用头腌泡。

莴苣笋干宜芝麻。

豆腐干煮软，宜芝麻、胡荽。

芹白腌，宜胡桃仁。

竹笋豆豉[3]

蒌蒿干宜芝麻。

木蓼[4]干宜芝麻。

香椿芽微芼，宜芝麻，干同。

---

① 南威：东向枝曰木威；南向枝曰橄榄。

② 荽（suī）：即"芫荽"，俗称"香菜"。

③ 豆豉（chǐ）：豆的酿造制品之一，有咸、淡两种，供调味用。淡的可入药。

④ 木蓼（liǎo）：一名"木天蓼"。草本。

竹笋鲜者带箨①芼②，加少盐，《笋谱》曰："脱壳煮则失味。"咸干者宜芝麻。

同蒿芼，宜芝麻，干同。

鸡棕③宜胡桃、榛、松仁。

龙须菜④

笔管菜微芼。

扁豆芼，熟去皮、壳，宜芝麻。

豇豆肥稚者，兼壳微芼干。

羊角豆稚者兼壳芼熟。

刀豆老者芼熟，去皮壳。

天茄稚者芼。

萱⑤用芽跗，同少盐，芼。跗，音肤。

箭干菜腌，胡桃仁宜。

丝瓜劘⑥去皮，同少盐微芼。

金雀蕊⑦同少盐，微芼干。

胡萝卜宜胡桃仁、熟栗肉、熟葱白，腌胡荽、芝麻。

① 箨（tuò）：竹笋上一片一片的皮。

② 芼（mào）：用手指或指尖采摘。

③ 鸡棕：鸡枞菌，云南产者最佳。一写作："鸡㙡（zōng）""鸡塸（zōng）"。

④ 龙须菜：也称"海菜"。《本草纲目》云："龙须菜生东南海边石上。丛生，无枝叶，状如柳根须，长者尺余，白色，以醋浸食之，和肉蒸食亦佳。"

⑤ 萱：金针菜。

⑥ 劘（mó）：削。

⑦ 金雀蕊：也称"金雀花""黄雀花""阳雀花"，食之有滋阴、和血、健脾的功效。

乳饼热汤泡，刀切，咸以淡酒少渍，宜胡荽。

【译】（略）

饮茶

清者为上，内果菜为次。物之甘者忌置于内，若荔枝、龙眼、枣、柿之类大不宜投之也。其他巴茶、枸杞茶等，又非此茶之制而论。《茶录》云："建安民间试茶皆不入香，恐夺其真。若烹点之际，又杂珍果香草。其夺益甚。"

【译】饮茶时清亮的是上品，茶果、茶菜其次。甜的食物忌讳放在茶里面，比如荔枝、龙眼、枣、柿等绝对不可以投入茶中。另外的巴茶、枸杞茶等，不是与此茶相提而论的。

酒制

酝法不同，各出方土，惟不用灰者为佳。

传醅酒

杜工部[①]诗曰："浊醪有妙理，信然。"

自七月间先造其曲，每小麦细面二百五十斤，则以绿豆三斗煮熟之，杏仁二斤去尖击碎之，撷[②]辣蓼[③]枝叶水煎为汁，溲[④]前三味不宜过润。置箱中压实，厚盈寸，界盈尺。每片以稻秆护悬无风处，干醒，昼暴夜露足七日，收至腊月乃造酒。凡白糯米一石[⑤]、计曲二十斤，先释米浸半月或二旬[⑥]，炊浸，内一斗米为饭，俟[⑦]寒，捣曲十余斤，挹[⑧]其潘澜[⑨]清，合桔皮、蒜、花椒过煎冷沜，传浮醅酒和匀，酝为醅，停二三时[⑩]，则沥浸米尽炊饭，取寒饭一斗米许者投内候

① 杜工部：杜甫。

② 撷（xié）：采摘。

③ 辣蓼：中药名。性温，味辛，功能解毒，主治痢疾、泄泻，外用治皮肤湿疹、顽癣等症。元明时人常用它作调味品入馔。

④ 溲（sōu）：水淘；水和。

⑤ 石（dàn）：中国市制容量单位，十斗为一石。

⑥ 旬：一旬为十天。

⑦ 俟（sì）：等待。

⑧ 挹（yì）：舀，把液体盛出来。

⑨ 潘澜：淘米水。

⑩ 时：时辰。一个时辰为两个小时。

发，一二时又取寒饭一斗米许者，又投内饼其发甚，则尽寒饭于缸，通和醅及所余之曲上，置无曲饭几寸，遂泻清水，杂其潘澜，高过三寸为止。视近周时^①，酒面水收开裂，将耙^②器探讨酒底，觉空则通和。或渐通，停一二时又通一次，不过四五次，酒味全矣。酝已熟，酾^③（音师）清煎之。然酝此酒亦视天时，寒宜覆，热不全覆，不及俟周时通曲，减一二斤或三四斤，后酝酒皆传此以为酵也。曲美遂取，不以一例^④。稿人注曰："潘澜，浸米水也。内酒曲方：小麦面二百斤，和豆蔻一斤、藿香一斤、香白芷一斤、草果仁四两^⑤、杏仁半斤，俱为末，竹叶十斤、白莲花二百朵、辣蓼草十斤、苍耳草十斤，俱捣糜烂，绿豆二斗煮熟，加水溲和，布苴压实饼，纸封之，约绳络空室中干醒，须六七月造。"

【译】从七月时候开始先制造米曲，每二百五十斤小麦细面，用三斗绿豆煮熟，加入二斤去尖并捣碎的杏仁，采摘辣蓼的枝叶用水煎成汁，用水调和这三种料，不要太湿润。将这些原料放在箱中压实，厚一寸多，宽一尺多。每压好片的原料用稻秆掩护并挂在避风的地方，晾干醒发，白天日晒、夜晚让露水打，满七天后，收贮等到腊月再造酒。一石

---

① 周时：一昼夜。

② 耙（pá）：一种有齿和长柄的农具。用以耙梳、聚拢，多用竹、木或铁等制成。

③ 酾（shī，shāi）：滤酒。

④ 一例：一律；同样。

⑤ 四两：此为旧秤十六两制。下同。

白糯米可出二十斤米曲，先将米浸泡半月或两旬，要蒸熟后浸泡，一斗米蒸成的饭，晾凉后，可以捣十多斤的米曲，将清亮的淘米水盛出，加入橘皮、蒜、花椒用淘米水煮过，将传浮酵酒和匀，酿成酵，放置两三个时辰，将浸泡的米滤净全部蒸成饭，取一斗米左右的寒饭投入蒸好的饭饼中等待发酵，一两个时辰后再取一斗米左右的寒饭，再次投入蒸好的饭饼中等待充分发酵，将全部的寒饭倒入缸内，与酵融合放在剩下的曲上，放在无曲饭上面几寸，将清水排出，掺入淘米水，高过饭饼三寸即可。观察近一昼夜，酒面的水收干并且开裂，将耙子探到酒的底部，感到空就搅和搅和。或者逐渐通达了，等一两个时辰后再搅和一次，搅和最多不过四五次，酒味就足了。酒酿好后，将酒滤清后再煮。然而酿这种酒要看天气，天气寒冷时要进行遮盖，天气热时就不能全部遮盖，不等到一昼夜就搅和，产量要减一两斤或三四斤，以后酿酒都传承这种酒酵。米曲好了就取出来，不要千篇一律。

浮酵酒

杜工部诗曰："鹅儿黄似酒。"

杨廷秀诗曰："煮酒赤如血，酏若二色者佳。"

腊时用，七月中以小麦细面百斤，绿豆一斗，煮熟同汁溲为饼，悬室中，风戾①之。曲，传酵酒曲、内酒曲皆宜。

---

① 风戾（lì）：风吹干。

凡白糯米一石取二十斤为率，释米①注水宽②浸，内分一斗煮饭，平置水米之上，半月一旬，饭浮即酵也。笊尽沥干，则将所浸米炊饭，俟寒，捣曲与浮饭匀溲于缸上，积无曲饭仅寸，挹其潘澜清，泻至高三寸已。饭底置原酒老糟少许，其酒发速。视天冷，周上下护覆，天热微覆一日后酒发，以耙器直探酒底，已热已虚，乃开通。少顷再通，一日数次。三四日后，其势渐消缓，俟酝熟，醨而煎之也。

【译】腊月的时候用，七月中用一百斤小麦细面、一斗绿豆，煮熟后同汁一齐做成饼，挂在屋中，让风吹干。酒曲，用传酵酒曲、内酒曲都可以。大概一石白糯米用二十斤的比例，加水淘米浸泡，从中取出一斗来煮饭，摊平放在水米的上面，经过半个月或者十天，饭浮起即发酵了。用笊篱全部捞出、沥干水分，再将所浸泡的米蒸成饭，等到凉后，捣好的曲与浮饭一并均匀放在缸上，将无曲饭堆积仅一寸，舀出使淘米水清澈，泻至三寸高就好了。饭底加少许原酒老糟，酒发酵得快。如果天气冷，四周及上下要遮盖，天气热稍微遮盖一天后酒就发酵了，用耙器一直探到酒底，又热又空，就通一通。一会儿再通，一天要通很多次。三四天后，其势渐渐消缓，等待酿熟，将酒滤出并熬。

---

① 释米：淘米。

② 宽：使松缓。

无酵酒

二制。

曲米数同前数。一以曲多半，与先炊饭少半，预和片日；入余曲，后蒸饭，煎潘澜清，并匀于缸为酒；一先炊饭，即以炊汤释清，并曲溲匀于缸，不用水浆^①，至为酒。皆俟寒而酿之也。凡煎泔，宜煎去过半则良。

【译】米曲和米的数量与前面说的相同。一种方法，取多半的米曲，与少半的米蒸饭，事先掺和一段时间；再放入剩下的米曲，随后蒸成饭，将淘米水熬至清澈，并调匀在缸内成酒。另一种方法，先蒸饭，用蒸饭的热水稀释清澈，并用米曲和匀在缸内，不要用水浆，直至成酒。两种方法都要等到天气冷了才酿酒。

雪香酒

杨诚斋^②曰："生酒清于雪。"

九月中先造其曲，每白糯米粉五升，细白小麦面六斤，清水和匀，不宜过润。计一升布苴^③压实为一饼，置干稻秆中，上下铺覆，热已七日，又暴^④又露，皆七日收。至腊时，凡白糯米一石，以曲一剂^⑤，贮潘澜一百二十斤，少则

① 水浆：指饮料或流质食物。

② 杨诚斋：宋人杨万里。

③ 布苴（jū）：苴布，子麻所织的粗布。

④ 暴：晒。

⑤ 剂：这里为量词。

汲清水足之，照浮酵制酝成，味甚香烈，色清如水，曲多味尤重也。

【译】九月中的时候先造米曲，每五升白糯米粉，用六斤细且白的小麦面，加清水调匀，不要太湿。每一升用苴布压实成一个饼，放在干稻秆中，即上下用稻秆铺或覆，需要七天的时间，且晒且通风，满七天后收储。到了腊月的时候，大概每一石白糯米，加入一剂米曲，加入一百二十斤淘米水，如果一百二十斤不够就打清水补齐，按照浮酵酒的方法酿成，味道非常香烈，酒色清亮如水，如米曲加得多味道会更重。

栀曲酒

六七月间造曲，用白糯米二升、绿豆一升，释之水渍七日，每日易水一番。沥起，以小麦面八斤，匀和铺苇箔①上，稻秆覆黄。俟七日后暴干。腊时每白糯米一石，此曲一剂酿酒。味美而色清洁，传酵、浮酵皆宜。

【译】六七月间制造米曲，用两升白糯米、一升绿豆，放在水中浸泡七天，每天换水一次。七天后捞出，用八斤小麦面，调匀后铺在苇箔上，用稻秆覆盖直到变黄。等到七天后将其晒干。到了腊月的时候，每一石白糯米，加入一剂这种米曲来酿酒。酒的味道美且颜色清洁，传酵、浮酵都适合。

① 箔（bó）：苇子或秫秸织成的帘子。

金盘露

此酒自然香甘，故名。

韩子苍曰："饮惯茅柴谙苦硬，不知如蜜有香醪。"

八月间取小麦细面，清水溲匀，布苴压实为曲。每斤成一饼，绵纸护封，约绳悬络风中戾之。腊月，凡白糯米一石，释之使洁，内遗一斗煮饭，平置米上。计米一斗、水一斗，浸于器，十五日或连旬①，饭浮则通，沥起，储其潘澜于内，器外缠护，通暖始炊前米为饭。先一甑②，稍待其气微入于中，后一甑必用热投，水温则宜冷投，皆以捣曲浮饭齐下。每米一石，曲二十斤为中制③。欲酒性醇，曲十五斤止；欲酒性烈，二十五斤止。溲匀余曲升许，藏于饭底，覆暖，发则渐彻，器外缠护，发甚则将耙器通，一日六七次，二日三四次，三日一二次。酒酿成七日后，又炊米一斗，或二斗，或三斗，投入匀和，待再发再通，其水预在煎。计投米一斗，水亦一斗、曲二斤。再七日后，又视前投入。如不加水，酒亦浓厚。至月余酒熟，逾四十日醑④清，煮之也。

【译】八月的时候，取小麦细面，用清水和匀，用苴布压实成米曲。每斤原料做成一个饼，用绵纸来护封，用绳子挂在通风处吹干。到了腊月，大概一石白糯米，放在水中

---

① 连旬：二十天。

② 甑（zèng）：古代炊具，底部有许多小孔，放在鬲（lì）上蒸食物。

③ 中制：中等规格。这里指适中的比例。

④ 醑（xǔ）：指经多次沉淀过滤的酒、清酒。

洗净，留下一斗白糯米来煮饭，平放在米上。计一斗米、一斗水，浸泡在容器中，经过十五天或二十天，饭浮起后，捞出，储存在淘米水中，容器外缠绕保暖，通暖后将之前的米蒸成饭。先取一甑饭，稍微等到蒸气微微入甑中，再取一甑饭，一定要热水下锅，如果用的是温水就要下冷水锅，都要将捣碎的米曲、浮饭一并下入。每一石米，加入二十斤米曲为适中的比例。要想酒性醇和，加入十五斤米曲；要想酒性强烈，加入二十五斤米曲。取一升左右剩下的米曲用水和匀，储藏在饭的下面，遮盖保暖，发酵后就渐渐清澈，容器外缠绕保暖，发起来后就用耙器来通，第一天通六七次，第二天通三四次，第三天通一两次。酒酿成七天后，再取一斗（两斗、三斗都可以）米蒸成饭，投入并和匀，等到再发就再通，如果有水就煮一下。投一斗米，也要加一斗水、两斤米曲。再过七天后，按照之前的方法再投入。如果不加水，酒的味道会浓厚。到一个多月后酒就熟了，超过四十天后滤清，再煮一下。

省曲酒

先撷辣蓼草，注水煎汁，溲小麦面为曲，每斤分为四处，每处内端午所收大艾茎三寸，生姜一两切片，又四分之，布苴压实，采楮叶封护，悬无风处，已干，须暴须露四十九日，足数①而收。七月造，腊月酿酒，传酵、浮酵皆

---

① 足数：实足的数额。

宜也。凡白糯米一石，曲五斤。

凡酝酒伤热则酸，伤冷则甜。俱在六物①咸备②，冷热适调，通早通晚停当③。其初通尚可候，而续通不可误也。治酸酒方：凡米一石，造酒用炼火灰三升，匀入，少顷醑之，其酸皆去。《礼》云："兼用六物——秫稻必齐，曲糵必时，湛炽④必洁，水泉必香，陶器必良，火齐必得。"湛，音尖。炽，昌志切。

凡煮酒入釜⑤煎，及少沸速令炀音阳者息火⑥，遂贮瓮中，以箬⑦以纸以泥重固须密。有贮锡瓮中，隔汤煮。候酒方热沸，即携起转贮于瓷瓮。不得过煮也。

【译】先采摘辣蓼草，加水煮汁，和小麦面做曲，每斤分成四份，每份放入端午收获的三寸长的大艾茎及一两生姜都切片，再分成四份，用苴布压实，采来楮叶来密封保护，挂在不通风的地方，阴干后，再晒四十九天，足数收起。这是七月的时候制造，等到腊月时再酿酒，传酵、浮酵都可以。大概一石白糯米加五斤曲。

---

① 六物：秫稻一，曲糵二，湛炽三，水泉四，陶器五，火齐六。

② 咸备：全齐备。

③ 停当：妥当；完备。

④ 湛（jiān）炽（chì）：指酿酒时浸渍、蒸煮米曲之事。

⑤ 釜：古代的一种锅。

⑥ 息火：熄火。

⑦ 箬（ruò）：这里指箬竹的叶子。

如果酿酒时过热，酒就会酸；过冷，酒就会甜。需要六物齐备、调整冷热温度后、早晚将原料通妥当。开始通的时候是可以等的，但再通的时候是不可以耽误的。

一般煮酒都要在釜里煮，沸腾后快速将火熄灭，随后倒入罐中，用箬叶、纸、泥将罐子密封严实。可倒入锡罐中，隔水煮制。等酒刚刚沸腾，立即取出倒入瓷罐中储存，不要煮得时间过长。

清酒

二制。

一、酿之同传酵、浮酵制。惟白糯米一石，曲十斤、八斤也。

一、取热汤泡米，随浸一宿至诘旦①，每石水淋一二斗炊饭，传酵而后尽炊饭，溲匀酿酒，加木香、官桂、缩砂仁各一两，匀和饭中，味尤香美。米一石，曲十五斤，成酒甚速，皆酿于冬。

【译】方法一：酿制的方法与传酵、浮酵相同。唯独是一石白糯米，加十斤或八斤米曲。

方法二：用热水浸泡米，要浸泡一夜直到清晨，每一石米淋水一两斗蒸成饭，传酵之后全部蒸成饭，和匀后酿酒，加入木香、官桂、缩砂仁各一两，在饭中和匀，味道非常美。一石米，加十五斤米曲，成酒速度快，都要在冬天酿制。

---

① 诘（jié）旦：清晨。

碧清酒

即缥醪。

凡白糯米一石为率，释①洁，取一斗炊饭，加曲四两，分盛箩器，同浸于九斗米上，见饭浮遂悉②炊饭，曲亦每斗四两，先以瓮底置前浸曲饭，后以冷饭溲，后曲，合潘澜，贮瓮中，厚纸密封数层，置僻所，俟四十日熟。

【译】大概一石白糯米的比例，淘洗干净，取一斗米来蒸饭，加入四两米曲，分别盛到箩器中，同浸泡在九斗米的上面，发现饭浮起来便蒸饭，也是每斗米加入四两米曲，先在坛底部放好之前浸泡的米曲和饭，再用冷饭浸泡，再加米曲，倒入淘米水，储存在坛子里，用厚纸将坛口密封数层，放在僻静的地方，等四十天后即熟。

分春酒

每白糯米一石，释之炊饭，俟寒，匀以细面曲百斤，贮瓮泥封，腊时留至春时启。凡一斗取释米九斗炊饭，内曲十斤，照常制③，泻④水酿酒。

【译】将一石白糯米，淘洗干净并蒸饭，等到凉后，加入一百斤细面曲调匀，倒入坛中用泥封闭坛口，腊月时留好直到立春时再打开。大概取一斗米来淘洗、九斗米来蒸饭，

---

① 释：这里指淘米。

② 悉：尽，全。

③ 常制：通常的制度。

④ 泻：液体很快地流。

饭里加入十斤米曲，按照常规，快速注水酿酒。

生酒

三制。即白酒。

杨廷秀曰："煮酒不如生酒烈。"

春秋时先造酒药①，撷虾蟆草②或香薷③煎汁，溲粳米粉，捻若栗大之剂，不可过润，上下铺覆以稻秆，置之于中。五七日以一丸投水试而即浮者则为轻美。暴之露之，各以七日，用筐收悬于通风中。

每白糯米一石，释之蒸之，视天气寒暖为节，暖则冷，寒则温，以水更释，饭清洁入缸，坋④药和匀。计米一斗，天寒则四丸，或加小麦曲四两，天暖则惟三丸，按实，中开一井，径盈尺，直见缸底。天暖不宜入水，天寒以水少润，井内浆至时，天甚热则用酒壶注凉水，纳其井中，温则复易，不令浆酸；大寒则用通护，其缸上又覆盖，不令浆甘。常以浆润饭上，浆味老烈则通，酌起⑤预作熟水⑥令

---

① 酒药：酿酒所需的酵母，叫作酒药，在早些年，这种酒药每个妇女都会制造。也就是说用酒药制酒是中国传统的方法。

② 虾蟆草：冷水花属植物，外来物种，无入侵性，被作为观叶植物栽培，也可水培。区别于车前草。

③ 香薷：唇形科、香薷属植物，直立草本，密集的须根。茎通常自中部以上分枝，钝四棱形，具槽，无毛或被疏柔毛，常呈麦秆黄色，老时变紫褐色。

④ 坋（bèn）：撒粉末，涂抹粉末。

⑤ 酌起：舀起。

⑥ 熟水：开水。

冷，量多寡①泻于浆桶中，俟三二日酿之酒成，则醡起。取前酌之浆和入，复令酿味浓厚，以三二器翻澄②去其浊者，贮之于瓮，久不伤败。有以糯米一石，内取一斗炒熟，作沸汤泡，俟冷，用炒米入于浆中成酒。有以糯米一石，取粳米一升炒焦黑煎汤，俟冷，泻浆中成红色。若煮酒药亦多制胜者可取。元③大禧白酒曲方：木香、沈香各一两半，檀香、丁香、甘草、缩砂仁、藿香各五两，槐花、白芷、零陵香④各二两半，白术一两，白莲花一百朵取须研碎，甜瓜五十枚去子，捣滤取汁用。药俱为末，溲小麦面六十斤、糯米粉四十斤甚匀，不宜太润，按⑤无凝滞，下箱履七八分厚，为七八寸阔，每片纸封，悬当风处戾之，经四十日取，晒三两日收。每米一斗，曲十两、水八升。此曲宜如雪香酒制。或别药致浆，量加此曲。惟酿于冬月，宜量酒药、香薷、野菊花茶、蓼各一斤，官桂、木兰皮、天花粉、巴豆、白芷、良姜、青皮、草乌各四两，杏仁、甘松、抚芎各二两，焙为细末，每斤对滑石八两合和、每二升糯米粉五升清水和丸，余如前制。按，奴禾切。

【译】春秋时先造酒药，摘虾蟆草或香薷来煮汁，浸泡

① 多寡：多少。

② 澄（dèng）：让液体里的杂质沉下去。

③ 元：同"原"，原来，下同。

④ 零陵香：零陵香之名始载于《嘉祐本草》，即《名医别录》之薰草。

⑤ 按（ruó）：揉搓。

粳米粉，用手捻成像栗子一样大的丸，不要太湿，下铺上盖稻秆，将粳米丸放在里面。三十五天取一粳米丸投水测试，马上漂浮起来的为最轻最好。在室外晾晒，分别都要晒七天，再用筐收起并悬挂在通风的地方。

每一石白糯米，淘净蒸饭，根据天气寒暖为节，天气暖和饭就要凉一些，天气寒冷饭就要温一些，用水再淘，将干净的饭倒入缸内，撒酒药和匀。大概每一斗米，在天气寒冷做成四个丸子，或加入四两小麦曲，天气暖和时就只能做成三个丸子，按实，在中间做好一个"井"，直径一尺左右，直能看到缸底。天气暖和不要加水，天气寒冷时要加少许水使其湿润，"井"内浆渗出时，天气非常热时就用酒壶注入一些凉水，放在"井"中，温度就会发生变化，不会使浆变酸；天气非常寒冷时就要彻底遮护，缸上还要盖上盖子，不会使浆变甜。经常用浆来湿润饭，浆的味道老烈就要通一通，打起事先做好的凉白开水，衡量多少，快速倒入浆桶中，等到两三天后酒就酿成了，过滤。和入之前舀起的浆，再使酒味浓厚，用两三个器具翻倒，澄去污浊之物，收贮在坛中，经久不坏。用一石糯米，从中取出一斗炒熟，用开水浸泡，等到凉后，将炒米倒入浆中酒就成了。用一石糯米，取粳米一升炒焦黑后煮汤，等到凉后，快速倒入浆中，浆变成红色。如果煮酒药很多，也是首选。

熟酒

生水入浆，酒成入坞①，火煨釜煮俱熟。投以竹叶，酒清②。

【译】将凉水倒入浆中，酒酿成后放在储酒器处，用火煨釜煮将酒煮熟。投入竹叶，酒变清亮。

醴③酒

今曰蜜林檎④。三制。

《礼》注曰："再酿为醴。"

《汉书》注曰："三酿为酎。"酎⑤，直祐切。

用糯米酿生酒浆注腊酒内，复酿熟，醋之，煮。

用腊酒清者，再注于腊酒内，酿熟，醋之，煮。

用糯米酿生酒，俟浆老烈，每斗注熟水三升，复酿一二日，醋酒注于瓮，煮熟俟冷，又澄其绝清者，和以烧酒二斤、蜜一斤，停至数年，不酮。酮，酢欲坏也，徒董切。

【译】将糯米来酿造生酒浆注入腊月酿的酒里，再次酿熟，将酒多次沉淀过滤后，再煮。

将腊月酿的清酒再注入腊月酿的酒里，再次酿熟，将酒多次沉淀过滤后，再煮。

---

① 坞（wù）：这里指储酒器处。

② 投以竹叶，酒清：此为明代竹叶青酒的制法。

③ 醴（lǐ）：甜酒。

④ 林檎：又名花红、沙果。落叶小乔木，叶卵形或椭圆形，花淡红色。果实卵形或近球形，黄绿色带微红，是常见的水果。

⑤ 酎（zhòu）：经过两次以至多次复酿的酒。

用糯米来酿生酒，等到浆老烈，每斗注入三升开水，复酿一两天，将酒多次沉淀过滤后注入坛中，煮熟放凉，再澄使其非常清，加入两斤烧酒、一斤蜜，存放很多年，不会坏。

烧酒①

用腊酒糟或清酒糟，每五斗杂砻②谷糠二斗半，纳甑中，以锡锅密覆，炀者③举火，聚其气，从口滴下，即烧酒也。锡锅储以冷水——太热必耗酒，遂宜泻去，而复易之，视酒薄止。

【译】用腊酒糟或清酒糟，每五斗加入两斗半杂砻过的谷糠，放在甑中，用锡锅密封覆盖，灶下烧火的人烧起火，聚住气，有液体从甑口滴下来，这就是烧酒。锡锅里要储冷水——如水太热肯定会损耗酒，适合快速倒出，再换换冷水，如果酒味淡了就停止。

菖蒲酒④

《寿亲养老书》云："通血脉、调荣卫、主风痹、

治骨立痿黄，医所不治者。服一剂，经百日，

颜色丰足，气力倍常，耳目聪明，行及奔马，

发白更黑，齿落再生，昼夜有光，延年益寿。

久服之，得与神通。"

---

① 此酒为明代的蒸馏酒。

② 砻（lóng）：去掉稻壳的农具，形状略像磨，多以木料制成。

③ 炀者：灶下烧火的人。

④ 菖蒲酒是益人健康的饮料，但绝非仙丹妙药。

用白糯米炊饭，酢生酒醅^①，撷蒲捣汁注之。有以菖蒲煎水冷注之，有屑菖蒲溲煮酒曲，饭内成之。菖蒲去叶。

【译】用白糯米蒸饭，酿造生酒醅，采摘菖蒲捣汁注入醅中。也有用菖蒲煮水且放凉后注入醅中，还有用菖蒲屑浸泡后来煮酒曲，加入饭内成酒。菖蒲要去掉叶子。

菥莶酒^②

《本草》云："治湿痹诸风。"

同菖蒲酒制，去根。

【译】与菖蒲酒的制法相同，菥莶要去根。

苍耳酒

《本草》云："治挛痹湿风寒。"

同菖蒲酒制，去根。

【译】与菖蒲酒的制法相同，苍耳要去根。

天门冬酒

《本草》云："久服轻身、益气延年。"

同菖蒲酒制，去皮、须。《饮膳正要》云："捣汁滤清，于银瓷器，慢火熬膏，酒调下。"

【译】与菖蒲酒的制法相同，天门冬要去皮、须。

---

① 醅（pēi）：未滤的酒。

② 菥（xī）莶（xiān）：豨（xī）莶。草名，又名猪膏莓。可制药丸或药酒。

地黄酒

凉血、生血、补肾水真阴不足，泻脾中湿热。

同菖蒲酒制。《四时纂要》："地黄酒变白速效方：肥地黄切一大斗，捣碎，糯米五升烂炊，曲一大升，右三味揉匀，纳不津器中，泥封。春夏三七日，秋冬五六日，日满有一盏渌①液，是其精华，宜先饮之。余以布绢酾之，如稀饧，不过三剂，发当如漆。若杂以牛膝汁，伴炊饭，更妙。"

【译】与菖蒲酒的制法相同。

五加皮酒

《寿亲养老书》云："张子升扬、建始王叔才、于世彦皆服此酒，得寿三百年，有子二十人。"今名野椒。

同菖蒲酒制。

【译】与菖蒲酒的制法相同。

片脑[②]酒

《本草》云："通九窍，除恶气，治心胸。"

先纳片脑于瓮，后煮腊酒注下，以纸以箬重幂[③]莫历切，又泥涂封之。

【译】先将龙脑冰片放在坛中，再注入煮好的腊月酒，用纸和箬叶层层覆盖，再涂上泥来封闭。

---

① 渌（lù）：古同"漉"，渗滤。

② 片脑：龙脑冰片，为冰片药材之一种。

③ 幂（mì）：覆盖。

木香酒

《寿亲养老书》以此为"荼蘼酒"。

《本草》云："久服不梦寤魇寐[1]，轻身致神仙[2]。"

取木香切片，瓮中先贮沸腊酒。瓮口蒙以轻縠[3]，上置木香，绵纸、竹箬重幂，又泥涂之，香自下走。

【译】将木香切片，坛中事先贮好煮开的腊月酒。坛口用绉纱蒙好，上面放置木香，用绵纸、竹箬层层覆盖，再涂上泥来封闭，木香的香味往下面走。

白豆蔻仁酒

《本草》云："除冷气，和脾胃，消谷食。"

同木香酒制，用白豆蔻粗屑。

【译】与木香酒的制法相同，要将白豆蔻打成粗末。

缩砂仁酒

《本草》云："下气消食，暖胃温脾。"

同木香酒制，用缩砂仁粗屑。

【译】与木香酒的制法相同，要将缩砂仁打成粗末。

苏合香丸酒

《墨客挥犀》曰："宋真宗谓王文正公曰：

'调五脏，却诸疾。'"

用苏合香一丸，先纳于瓮，后注以沸腊酒，其蜡经热，

---

① 不梦寤（wù）魇（yǎn）寐：不会做噩梦而被惊醒。寤，睡醒。魇，梦中惊叫，或觉得有什么东西压住不能动弹。

② 致神仙：迷信之说。

③ 縠（hú）：古称质地轻薄纤细透亮、表面起皱的平纹丝织物为縠，也称绉纱。

熔浮酒面，香散酒中。

【译】先将一丸苏和香放在坛中，再注入煮开的腊月酒，蜡经过受热，熔化后浮在酒面，香味散在酒中。

桂花酒

发散滞气。

摘半合桂花，浸生酒浆中密封，用时量多寡，滴酒内。有酒磨其饼和之，有以饼同木香酒制，密封之。

【译】采摘半合桂花，浸泡在生酒浆中并密封，用时要衡量多少，滴入酒里。可以将磨好的饼和入酒中，加饼后与木香酒的制法相同，酒要密封。

松针酒

《本草》云："主风湿疮，生毛发，安五脏守中不饥，延年。又治三年中风力效。"

采松青针捣糜烂，酒薄调。每生酒一瓮，泻入二碗，密封，连瓮煮熟。

【译】采松青针捣烂，将酒轻微地调和。每一坛生酒，加入两碗捣烂的松青针，密封，连同坛子一并煮，将酒煮熟。

松节酒

《本草》云："主百节久风、风虚、脚痹疼痛。"

取大松节锉屑，临酿生酒时同药匀入。每糯米一斗，计松节八斤。宜酿于冬，经春夏则味变。

【译】将大松节锉屑，到酿生酒的时候与药均匀调入。每一斗糯米，加八斤松节。适合在冬季酿，经过春、夏季酒会变味。

万年酒

《本草》云："主补中，安五脏，益精神，除百病，久服肥健，轻身不老。"

冬前摘万年枝子，置酒内，连瓮煮味透。或捣汁酿酒，或煎汁酿酒，或杵屑酿于酒。

【译】冬至前摘取万年枝子，放在酒内，连坛一并煮至味道充分渗透。可以将万年枝子捣汁后酿酒，也可以将万年枝子煮汁后酿酒，还可以将万年枝子杵成末酿酒。

长春酒

贾似道曰："除湿实脾去痰饮，行滞气，滋血脉，壮筋骨，宽中快膈，进饮食。"

当归、川芎、半夏汤泡七次、青皮去囊、木瓜去穰、白芍药、黄芪蜜炙、五味子碾、肉桂去粗皮、甘草炙、熟地黄、白茯苓去皮、薏苡仁炙、白豆蔻仁碾、槟榔、白术、苍术姜制、人参、桔红、厚朴姜汁炒、沈香、木香、南香、藿香去土、丁香、神曲炒、麦蘖炒碾去糠、枇杷叶去毛炙、草果仁、桑白皮蜜炙、杜仲炒去丝、石斛去根。

右件各锉碎，每以药三钱，为绢囊盛之，浸于一斗酒内。春七日、夏三日、秋五日、冬十日用。今有五香药烧酒，药品不及此药之妙。

【译】当归、川芎、半夏、青皮、木瓜、白芍药、黄芪、五味子、肉桂、甘草、熟地黄、白茯苓、薏苡仁、白豆蔻仁、槟榔、白术、苍术、人参、橘红、厚朴、沈香、木香、南香、藿香、丁香、神曲、麦蘖、枇杷叶、草果仁、桑白皮、杜仲、石斛。

以上原料均碾碎，每次用药三钱，用绢袋盛好，浸泡在一斗酒内。春季七天、夏季三天、秋季五天、冬季十天就可以用了。

胡桃烧酒

暖腰膝，治沉寒痼冷①，补损益虚。

烧酒四十斤、胡桃仁汤退皮，一百枚、红枣子二百枚、炼熟蜜四斤。

右三件入酒瘗②倚厉切土中七日，去火毒。

【译】烧酒、胡桃仁、红枣子、炼熟蜜。

将这三种原料放入酒中，在土中掩埋七天就好了，可以去火毒。

---

① 沉寒痼（gù）冷：病证名。寒邪久伏于里之阴证。又称内有久寒。

② 瘗（yì）：掩埋。

杏仁烧酒

去百病，除咳嗽，补虚明目，除膈气，漆颜色，

增寿活血，去诸风。

杏仁去皮、尖，煮五水过，一斤、艾三两、芝麻去皮，炒熟为末，一升、荆芥穗一两、核桃仁汤退去皮，一斤、薄荷叶三两、小茴香三两、苍术米泔浸一宿，洗去黑皮，一两、白茯苓去皮，三两、铜钱五文，别入。

右件为细末，炼蜜和一处，投大瓮中，注烧酒三十斤，同煮一时。待药已散，用纸封口，瘗土中七日取出。

【译】杏仁、艾、芝麻、荆芥穗、核桃仁、薄荷叶、小茴香、苍术、白茯苓、铜钱。

以上原料碾为细末，与炼蜜调和在一起，投入大坛中，注入三十斤烧酒，同煮两个小时。待药已经散开，用纸封闭坛口，在土中掩埋七天后取出。

长生酒

用细花烧酒二十斤，同清水二十斤，分析两瓮，每瓮释白糯米一升，炊饭，红枣子半斤酿之。夏置凉所，冬置温所，天寒护暖。夏二十一日、冬二十八日自熟。更每瓮计每斤如前注水，亦并枣饭置内，俟日足，亦如前分酿，源源不绝也。

【译】用二十斤细花烧酒，加入二十斤清水，分开装两个坛子，每坛加入一升淘好的白糯米，蒸饭，加入半斤红枣

来酿酒。夏季放置在阴凉的地方，冬季放置在温暖的地方，天气寒冷时还要防护保暖。夏季需要二十一天、冬季需要二十八天酒就酿熟了。每个坛里取出酒后像之前一样注入相同数量的水，再将蒸好的枣放在里面，等天数够了，也像之前一样分开酿，酒会源源不断。

腊酒糟

郑氏曰："医酏①不汰②者也，音移。"

箪箪③瓮底，干叠之，稻秆灰覆上，沥其油，入食佳。

【译】将箪箪放在坛子底部，用干的层层叠好，将稻秆灰盖在上面，酒糟流出来的油，加入食物里非常好。

醅④子糟

酿生酒浆方，至时⑤即从瓿⑥子贮其醅，有加红曲者，有加少炒盐者。凡米一斗，计盐八两。

【译】酿生酒浆的方法是，到酿酒的时候在瓿子里储存好醅，有的加些红曲，有的加少许炒盐。

---

① 酏（yǐ）：米酒，甜酒，黍酒。

② 汰（jǐ）：过滤。汰曰清，不汰曰糟。

③ 箪（dān）：古代盛饭的圆竹器。

④ 醅（pēi）：没滤过的酒。

⑤ 至时：到那时候。

⑥ 瓿（bù）：小瓮，圆口，深腹，圈足，用以盛物。

酱制

《史记》醢①酱千瓿，此千乘之家。

小麦生酱

《周礼》以醯②醢调酱，品物非一，不若今人之造酱也。

盖豉者配盐幽菽③，豉干而酱湿，疑后世造豉之变者欤？

四月，小麦细面一石为率，煮黄豆三斗，去汁，以面染匀，不宜太润，幽④暖室，薄铺草箔⑤上，采楮叶覆黄，移烈日中暴，须甚燥，碎击于缸。计黄一斤、盐四两，通和。撷紫苏煎汤，待冷注之，日暴，三月后方熟。汤少续汤，淡续盐。计黄十斤、盐三斤止⑥贮之瓮中，泥纸密封其口，置天日间，胜如⑦开暴者，久则愈佳。有自十月幽黄⑧，至腊时取井水煎紫苏汤，冷注之。此御厨制也。后凡幽黄，不宜太润，汤用紫苏，煎汤待冷。云熟豆一斗，细面二斗，后仿此。

【译】四月的时候，一石小麦细面的比例，煮三斗黄

① 醢（hǎi）：用肉、鱼等制成的酱。

② 醯（xī）：醋。

③ 菽（shū）：豆类的总称。

④ 幽：隐藏。

⑤ 箔（bó）：用苇子、秫秸等做成的帘子。

⑥ 止：仅，只。

⑦ 胜如：超过。

⑧ 幽黄：这里指造酱。

豆，煮后去汁，用面拌匀，不要太湿润，隐藏在暖室里，薄薄地铺在草箔上，采楮树叶来遮盖使它变黄，变黄后移到烈日下进行暴晒，一定要晒得非常干燥，敲碎放在缸里。计一斤黄加四两盐来拌和，摘取紫苏叶来煮水，凉后灌入，在太阳下再晒，三个月后酱就熟了。水少加水，味淡加盐。将十斤黄、三斤盐收贮在坛中，用泥、纸密封坛口，放在太阳下，不要急于打开，时间越久味道越好。有的从十月造酱，到腊月的时候用井水来煮紫苏水，凉后倒入冷坛中。这是御厨的做法。凡造酱都不要太湿润，加水就要加煮好的紫苏水，紫苏水煮好后要晾凉。

小麦酱油

黄豆一石、赤豆二斗煮熟去汁，染小麦面二百余斤，幽室中为黄，暴燥。每黄五斤，盐二斤、紫苏汤十斤，通匀于缸。日暴成油，挹取清漉者，别贮瓮中暴之。其味尚厚，煎盐汤，俟冷，续注之，再挹取也。余豆面暴为酱。

【译】将一石黄豆、赤豆二斗煮熟后去掉汁，加入两百多斤小麦面，隐藏在屋里至黄，之后晒至干燥。晒干后每五斤黄，加入两斤盐、十斤煮好的紫苏水，在缸里搅匀。在阳光下晒制成油，舀出滤过清亮的油，另选坛子存储并晒制。小麦酱油味道醇厚，煮盐水，晾凉，继续注入坛子中，随后再舀出。再将剩下的豆面晒成酱。

小麦生熟酱

凡小麦一石，以五斗磨带麸面，以五斗煮熟去汁，煮豆和于一处，幽黄，暴燥，以水和润，泥封复幽瓮中，暴三七日。通磨筛取细者，每十斤，盐三斤，同紫苏汤十三斤，烈日中暴之，不数日酱熟。有用其筛出麸，亦复幽瓮，泥封渐取，注盐水，暴熟，以渍物。谚曰："黄十盐三水十三。"

【译】大概一石小麦，取五斗来磨面并带麸皮，另五斗煮熟后去汁，和煮好的豆子和在一起，隐藏制黄，之后晒制干燥，加水和湿润，装坛并用泥封口，晒制二十一天。全部磨碎并细筛，取出细的，每十斤加入三斤盐和十三斤紫苏水，在烈日中晒制，不几天酱就熟了。有的人将磨面筛出的麸皮，也放在坛中，用泥封口，一点一点地取出，加入盐水，晒制成熟，用来腌渍食物。

麦饼熟酱

小麦细面用水和坚饼，任意切为大片，笼中蒸熟，幽黄，暴燥，复磨，筛细，每十斤，盐三斤，注紫苏汤暴之，不过五日、七日，已成美酱。

【译】将小麦细面加水和成硬饼，随意切成大片，放入笼中蒸熟，放在隐蔽处制黄，晒干燥，再磨，用筛筛细，每十斤加入三斤盐，再倒入紫苏水进行晒制，不超过五天或七天，可口的酱就做好了。

二麦熟酱

二麦炒熟，磨为面，用河水和之，幽黄，暴燥，复磨面，复用河水润，覆盐一层，幽瓮中，封密，置日暴浃旬①，觉有香气发露，计黄盐数作汤，冷注，暴为酱。二麦，大麦、小麦也，同大豆煮熟同溲，幽黄甚佳。

【译】将大麦和小麦炒熟，磨成面，加河水和匀，放置隐蔽处制黄，晒干燥，再磨成面，再加河水将其湿润，覆盖一层盐，装坛放在隐蔽处，封闭坛口，放置阳光下晒制十天，刚觉到有香气散出，按照黄、盐的比例加汤，汤要晾凉后注入，晒制成酱。

豆麦熟酱

大豆炒熟磨细，计一斗和小麦细面二斗，汤和，切为片，蒸熟，幽为黄，暴甚燥。每十斤，盐三斤，注紫苏汤，日中暴之，遂成熟酱。

【译】将大豆炒熟后磨细，按一斗加入两斗小麦细面的比例，用热水和，切成片，上笼蒸熟，在隐蔽处制黄，晒得非常干。每十斤要加入三斤盐，注入紫苏水，在阳光下晒制，就做成了熟酱。

豌豆酱

豌豆水浸煮熟，暴燥，磨去皮，计一斗同小麦一斗，再磨为面，水和，切片蒸之，幽黄，暴燥。凡十斤，盐三斤，

---

① 浃（jiā）旬：一旬的意思，十天。

注水暴为酱。

【译】豌豆用水浸泡后煮熟，晒干，磨去皮，按一斗豌豆加入一斗小麦的比例，再磨成面，加水和面，切成片上笼蒸制，放在隐蔽处制黄，晒干。每十斤黄加入三斤盐，加水晒成酱。

麻莘酱

用新麻莘①车坊中方出芝麻油饼，碎捣甄中，复蒸透，以小麦面和之，幽为黄，暴燥。计十斤盐三斤，注水于日中复暴为酱。

【译】将新出的芝麻渣饼在甄中捣碎，上笼蒸透，和入小麦面，在隐蔽处制黄，晒干。每十斤黄加入三斤盐，加水在阳光下晒成酱。

逡巡②酱

每以大豆一斗为率，饧糖四两，加减随宜，盐一斤，可留十日；二斤可留一月；三斤可留久远。注水满锅，置甄于上。甄底以编蒲等箄③音闭之锅上，围密。甄心立通节竹④一根，下抵锅底，上平甄口，别以芦根贯竹中，与之一齐。先将豆湛洁，浸过一宿，贮甄中密盖，蒸，用竹中芦缉⑤，视

---

① 麻莘：榨完香油的芝麻渣饼。

② 逡（qūn）巡：有所顾虑而徘徊或不敢前进。

③ 箄（bì）：小笼屉。

④ 通节竹：产于滦州，其秆直上无节，而中心空洞无隔，亦异种也。

⑤ 缉：把麻析成缕连接起来。

水痕稍干，注水竹内，续上，直候甑面上豆黑为度。务须过熟即出，铺冷，置臼^①中，捣糜烂，乃入饧、盐匀和，遂堪^②取用。酱面以鹅翎^③染熟油刷之，尤香润也。

【译】以每一斗大豆为比例，加入四两饧糖（数量可多可少，但要适量为宜）、一斤盐，可保存十天；加入两斤盐可保存一个月；加入三斤盐可长久保存。将锅加满水，放在甑的下面。甑底用蒲叶编的小笼屉放在锅上，周围密封好。甑的中间立一根通节竹，下面抵住锅底，上面与甑口相平，再用芦根贯穿在通节竹中，与通节竹相齐。先将豆洗干净，浸泡一夜，放入甑中密封后蒸制，用竹中的芦根试探，感觉水痕有些干，便在竹内加水，接着一直等到甑面上的大豆变黑为合适。一定要熟后出锅，铺开晾凉，放在臼中，捣得非常烂状，然后加入饧、盐调和均匀，于是就可以取用了。用鹅翎蘸熟油刷酱的表面，味道会非常香润。

---

① 臼（jiù）：舂米的器具，用石头或木头制成，中间凹下。

② 堪：能，可以。

③ 鹅翎：鹅的羽毛，色白。

醋制

社醋

一名醯，一名苦酒。三制。

元临安路产酸角，浸水和羹，酸美过于法醋。

春秋社时^①，无论米粳糯，释米^②蒸饭。每米一斗，曲二斤，用砻谷糠通和于缸中，立大篘^③泻水，高及三寸。俟三七日视醋渐成味，过四十日煎而贮瓮。

六月六日造小麦曲，俟八月社前二三日，先以糯粞^④煮粥糜，匀涂缸上，社日遂释糯米蒸饭，入之于缸。每米一斗，用曲三斤和之，缸底纳热饭一团，泻水高三寸止。中则立篘，醋成从篘中汲用，竭则复继以水，淡则方已。

六月六日磨小麦麸面，河水通匀，每一升履曲一饼，纸封风中戾之。至秋社前一日，粳糯米各一斗释之渍之，正社日炊饭，俟冷，每米一斗，曲一饼，细捣匀于内，同水一斗五升，入瓮密封，纸三十层，日揭一层，一月醋成。篘起，复作沸汤，俟冷，量加以曲酿二醋、三醋、四醋依二醋酿。糠宜淘洁眼干，后仿此。

【译】春、秋社日的时候，无论粳米还是糯米，淘米蒸

---

① 春秋社时：指古代春秋两次祭祀土神的日子，一般在立春立秋后第五个戊日。

② 释米：淘米。

③ 篘（chōu）：一种竹制的滤酒的器具。

④ 粞（xī）：碎米。

饭。每一斗米加入两斤曲，用砻过的谷糠都和在缸中，立好大笒来泄水，水高过料面有三寸。等二十一天后观察醋逐渐酿出味，过四十天煮后收贮在瓮中。

六月六日酿造小麦曲，等到八月社日的前两三天，先用碎糯米煮成粥，均匀地涂抹在缸上，社日时便将糯米淘洗后蒸成饭，放入缸中。每一斗米和入三斤曲，缸底内放一团热饭，入水三寸高。中间立笒，醋成后从笒中汲出，如果没了就再加入水，味道淡了就不再加水了。

六月六日研磨小麦成粉，用河水拌匀，每一升粉用一饼曲，用纸封好挂在通风的地方。到了秋社日的前一天，将各一升的粳米、糯米各淘洗后浸泡，社日这一天再蒸成饭，晾凉，每一斗米加一饼曲，将曲在饭内捣匀，同一斗五升水一并下入瓮中密封，封三十层纸，每天揭掉一层，一个月后醋就酿好了。将笒取起，再煮开水，晾凉，放入曲中酿二醋、三醋、四醋按照二醋的方法来酿。砻糠应该淘洗干净并晒干，都要仿照这样的做法。

腊醋

二制。

酿如社醋，米一斗用曲三斤，四斤，置暖所，缸宜厚护，热渐彻去。俟四十日醋熟，煎时加炒熟米。

用酒糟一百斤，匀砻谷糠五斗，按实器中，见热而香酸，每日翻一器，不令太热，四五日后冷定醋成。以盐水调泥封固，数年不败。用时渐取，加水滴出其醋，煎收。

【译】腊醋的酿法同社醋，一斗米用三斤曲，四斤也可以，放在暖和的地方，缸应该厚厚地围护，热了就逐渐撤去。到了四十天醋就酿好了，煮时要加些炒熟米。

用一百斤酒糟，加入五斗砻过的谷糠拌匀，在容器中按实，遇热会香酸，每天翻动一次容器，不要温度太高，经过四五天凉后醋就酿好了。用盐水调泥封闭严实，几年都不会坏。取用时要慢慢取，加入水滴出醋，煮后收贮。

伏醋

《方言》："七醋，酿之其数皆七。"

凡白米一石，无论粳糯，于五月内预释之，注水释之，必足七日，更宜每日易水，蒸饭乘温幽于瓮，有铺于苇箔^①间麦稍^②音涓覆黄。临六月六日，旦暴至暮。计黄一斗水二斗，均分于瓮，顿僻静处，上裂越布幂口，不复视动，俟七七日^③已足，笒起煎熟，加花椒贮瓶罂^④中，色甚鲜红。七月八月可造，数尤以七。有不暴黄，常燃红烙音落铁，调一番，味亦美，色不甚鲜。

【译】凡是一石白米，不论是粳米还是糯米，在五月里要先淘米，加水再淘，一定要满七天，还需要每天换水，蒸

---

① 苇箔：用芦苇编成的帘子。可以盖屋顶、铺床或当门帘、窗帘用。

② 稍（juān）：麦茎。

③ 七七日：四十九天。

④ 瓶罂：泛指小口大腹的陶瓷容器。

熟的饭要趁热放入瓮中，下面铺好苇箔，用麦茎覆盖罨黄。快到六月六日时，要从早晨晒到晚上。计一斗黄用两斗水，均分入瓮中，放在僻静处，上面用撕开的越布封住口，不要经常翻动查看，等到了四十九天，笐取出醋煮熟，加花椒装入瓶罂中收贮，醋的颜色很鲜红。七月、八月都可以造醋，数字最好是七。有不晒制罨黄的，常常用烧红的烙铁，调和一下，味道也好，但颜色不是很鲜艳。

四时醋

每造糯米一石释之，夏秋淅①半日，春冬淅一日，蒸饭俟温，匀酒糟五斤、曲二十斤，同水贮于瓮，以越布幂瓮口，春冬置暖所，夏秋置凉所，有十日熟，有十四日熟，四时皆可造。笐清，加花椒、甘草同煎，贮藏于器。复纳水在糟，造二醋、三醋、四醋，味淡则止。

【译】每次酿醋时取一石糯米淘洗，夏、秋季浸泡半天，春、冬季浸泡一天，再蒸成饭等到温乎了，加入五斤酒糟、二十斤曲拌匀，同水放入瓮中，用越布封闭瓮口，春、冬季放在暖和的地方，夏、秋季放在阴凉的地方，春、冬季十天熟，夏、秋季十四天熟，四季都可以造醋。用笐滤醋，加入花椒、甘草同煮，收贮在容器里。再往糟里面加水，再造二醋、三醋、四醋，直到味道淡了为止。

---

① 淅：淘米。这里应指浸泡米。

长生醋

二制。

五六月用大麦五斗，磨细为曲，复捣细，以良姜三两、胡椒三两、花椒三两、水一担同纳瓮中，封固日暴成醋。每取醋三升，却还水三升，更纳姜、椒少许。

撷^①辣蓼草煎汤滤洁，入米煮半熟漉之，待温。每米一斗、曲五两，匀纳于器，取原汤冷注之，比米高一尺，置僻处，越布幂器口，至十日见白醭^②音朴消，醋已成熟。每取一升，还酒一升，用之不能尽。

【译】在五六月的时候，将五斗大麦磨碎做曲，再捣碎，用三两良姜、三两胡椒、三两花椒、一担水同入瓮中，封闭严实在阳光下晒制成醋。每取三升醋，要还三升水，再加少许良姜、花椒。

采摘辣蓼草煮水后过滤干净，下入米煮至半熟后捞出，晾凉。每一斗米用五两曲，拌匀后放入容器中，灌入晾凉的煮米原汤，汤要比米高出一尺，放在僻静的地方，用越布遮盖容器口，直到十天后见白色霉消失，醋就酿成了。每取一升醋，还一升酒，醋用之不完。

须臾醋

每麦麸二斗，清酒糟七斤半，陈米三合，煮为馇^③诸延

---

① 撷（xié）：摘下。

② 白醭：醋或酱油等表面上长的白色霉。

③ 馇（zhān）：稠粥。

切粥，先以面糟匀之，次以馇粥匀之，不宜过润，用蒲篓郎斗切盛贮，厚叠稻秆，深藏于中，频俟大热，再翻再藏，翻过二宿，醋醋成矣。米熟，更炊陈米热饭一碗，团置麸糟内，或入甑蒸热为助。既熟，将水缸一口，从底侧通一小隙，取衣袽①人余切塞密，置蒲篓于缸，作沸汤沃②一宿，去衣袽，取滴其醋。

【译】每两斗麦麸用七斤半清酒糟、三合陈米，煮成稠粥，先将面、糟拌匀，再用稠粥拌匀，不要太湿，用蒲篓盛贮，放在厚厚的稻秆中，等到里面很热时，翻搅后再收藏，翻过两夜，醋醋就做成了。米熟后，更蒸一碗陈米饭，团成饭团放在麸糟内，或放入甑中蒸热。既熟，将一口水缸从底部开一小孔，取破布塞严实，将蒲篓放在缸内，用开水浇一夜，去掉破布，孔内滴出的就是醋。

神仙醋

四五月，俟释米秕一斗为率，用蒲篓苴悬西南垂堂③之上，向东出日。俟四十九日，置瓶瓮中，大击曲片四两，注水渍之，燃带火薪头，旋转一番，成醋则止。取醋一碗，纳水一碗，味淡不复酿也。

【译】四五月的时候，淘洗一斗碎米为比例，用蒲篓苴悬挂在靠近堂屋檐下，向东日出的方向。等四十九天后，放

① 袽（rú）：旧絮；破布。
② 沃：浇。
③ 垂堂：靠近堂屋檐下。

在瓷坛中，加入敲碎的四两曲片，灌水浸泡，用一根一头烧红的木棍搅动几遍，直到醋成为止。取出一碗醋，补入一碗水，味道淡了就不再酿。

枣子醋

每鲜枣子百枚蒸生酒药①五丸为率，注薄酒②渍没之，常置暖处。醋成，如取一碗，则还酒一碗，久则醋益香酸。

【译】每一百枚新鲜枣子用五丸蒸好的生酒药，灌入味淡的酒淹没枣子，固定放在暖和的地方。醋酿成后，每取一碗，则还酒一碗，时间久了醋的味道更香更酸。

炒麦醋

陈米一斗或糯米水渍一宿，炊饭稍温，取曲二十两，细捣，火焙，匀饭内，入瓮中，注水三斗按平，用纸二三层密封瓮口，勿见风，向南方安候四十九日开。将小麦二升炒焦，投瓮中，少顷取醋，置锅内煎沸，入瓶，上用炒麦一撮，醋久不酱疾染切酽③而琰切既取头醋，再泻水一斗半，酿第二醋，旬日可取食之。既取二醋，又泻水七升半，酿第三醋，更数日取食之。既取三醋，再欲食，须炒焦麦半升许，入瓮中搭色，犹可取第四醋，味尚如市中卖者，妙不可言。酱酽，味薄也。

【译】一斗陈米或糯米用水泡一夜，蒸成饭后晾凉，取

① 酒药：酿酒所需的酵母。

② 薄酒：味淡的酒。

③ 酽（jiàn）酽（rǎn）：指醋的味道淡。

二十两曲，细捣，用火烤，与饭拌匀，放入瓮中，灌入三斗水后按平，用两三层纸密封瓮口，不要见风，向南方放好直到四十九天后打开。将两升小麦炒焦，投入瓮中，不多时取醋，放入锅中煮开，装入瓶中，上面加一撮炒麦，醋时间长了味道不会淡便取头醋，再灌入一斗半的水，酿第二醋，十天后可取醋吃。已经取了二醋，再灌入七升半的水，酿第三醋，再过几天就可以取醋吃。已经取了三醋，如果再想酿醋吃，要加入半升左右的炒焦了的麦子，入瓮中搭色，才可以取第四醋，味道像集市中卖的醋，妙不可言。

大麦醋

取大麦释之，炊饭俟冷，每斗溲白酒药三丸，入瓮中，越布幂瓮口七日，注以水一斗，又七日已熟，则筶起煎收。再入水五升为二醋，俟熟，又入水三升为三醋。八月可造。

【译】将大麦淘洗干净，蒸成饭晾凉，每斗大麦用三丸白酒药，一并放入瓮中，用越布遮盖瓮口，七天后灌入一斗水，再过七天醋就成了，用筶取醋后煮开收贮。再灌入五升水酿二醋，等熟后取出，再灌入三升水酿三醋。八月的时候可以酿造。

小麦麸醋

凡酿醋时用料一石二斗为率，小麦麸一石，白粳米二斗。先以小麦麸五斗，水和停匀，不宜过润，纳甀中，蒸至甚熟。布苇箔上，高厚几一寸，撷苍耳叶覆于密室中，至七日已幽为黄，则碎击之。后以小麦麸五斗，视前和蒸，乘热时煮米二斗为饭，与前后所蒸麦麸，齐趁热和纳于大瓮中，手按平实。中开一穴，立之以为笪。每料一斗计从笪口注水一斗。瓮口用背三四层绵纸幂固，暴于日中。过十四日启视醋成，则釃清①泻于锅，煎沸，尽挹去其浮沫，随燃红烙铁复于醋中，调转数次，量注以香油加之以炒盐，再煎二三沸，热贮于瓮，瓮口用纸箬紧，幂纸箬上，又用柴灰覆厚，藏久益酽而香。若十四日醋尚未成，则再封，俟至二十一日。须自六月中，乘天日烈燥，易暴醋熟而酿之也。

【译】酿醋用料比例是一石两斗小麦用一石小麦麸、两斗白粳米。先用五斗小麦麸，用水和匀，不要太湿，放入甑中，蒸至熟透。放在苇箔上，一寸的厚度，放在密室中盖上摘来的苍耳叶，直到七天后便卷黄，于是将其敲碎。再将五斗小麦麸，按照前面方法加入和匀、蒸熟，趁热将两斗米蒸好的饭，与前后所蒸的麦麸，一并趁热和匀放入大瓮中，用手按平实。饭的中间挖一穴，在穴中立住笪。每加一斗料便从笪口灌入一斗水。瓮口用三四层绵纸遮盖严实，在阳光下暴晒。过十四天后打开瓮发现醋酿好了，滤清倒入锅中，煮开，舀出所有浮沫，将烧红的烙铁放入醋中，反复几次，再酌量加入香油、炒盐，再煮开两三次，趁热收贮在瓮中，瓮口用纸和箬叶裹紧，将纸封在箬叶上，再厚厚地涂抹上柴

---

① 釃（shī）清：滤清。

灰泥，储藏时间久了醋会更浓更香。如果十四天后醋还没酿成，就再封好，直到二十一天就可以了。要在六月中，趁天气干燥，容易暴晒时制作醋。

糖醋

二制。

用饧即饴或白糖即厚饧，每五斤宜清水十五斤，细曲四两，麦糵一两，同贮于瓮中。酿已七日，则以柳干燃红一头，置醋中旋转一番。再七日，皆依上旋转之，至醋成为度。五月至九月皆可酿也。

每饧五十斤用水一百斤，煮糯米饭一斤四两，细曲十两，贮于瓮。冬天顿于和暖之处，暖天顿于阴凉之处，俟至四十日醋熟香酸，入锅煎之，注瓶罂内收。

【译】用饴糖或厚饧，每五斤糖应用十五斤清水、四两细曲、一两麦糵，一同放入瓮中。酿造七天，便用烧红了一头的柳枝，放在醋中旋转一番。再过七天，按照上次一样去旋转，直到醋成为止。五月至九月期间都可以酿醋。

每五十斤饧用一百斤水、一斤四两糯米蒸的饭、十两细曲，都放入瓮中。冬天将瓮放在暖和的地方，热天放在阴凉的地方，等到四十天后醋熟且香酸，放入锅中煎开，灌入瓶罂内收贮。

酒醋

三制。

摘糯稻穗，用水煮其谷拆裂，俟温，以生酒药和匀，置于竹器中，覆黄。七日移置小瓮中，注薄酒渍浸之，顿于灶侧，俟六七日已酸而香，则又移置大器中，顿于凉所，渐注以薄酒，汲而用焉，不酸则已。

以粳米铛底饭①入瓮中，注薄酒浸顿暖处，遂能成醋。

以煮酒糟重入水中其味出，又沺之，至以三次。计有五担，加以麸曲二十斤、粳米饭三斗，压没水底，器外用缠护须密，视寒暖渐彻之。春初酿，俟五月五日或六月六日，乃笃煎之也。

【译】摘糯稻穗，用水煮至稻谷开裂，晾凉，加入生酒药和匀，放在竹器中，覆盖箬黄。七天后移入小瓮中，灌入薄酒浸泡，放在灶边，等六七天后变酸且香，再移入大器中，放在阴凉的地方，慢慢灌入薄酒，舀出取用，不酸则已。

将粳米锅巴放入瓮中，灌入薄酒浸泡并放在暖和的地方，能酿成醋。

将煮酒糟重入水中味出，再过滤，这样做三次。计有五担，加二十斤麸曲、三斗粳米饭，容器外用物紧密地缠护，根据天气的冷暖慢慢撤掉。春初时酿醋，到了五月五日或六月六日，用笃取出后煮制。

---

① 铛底饭：锅巴。

卷

二

面食制

凡磨小麦，先择洁而释之，曝微润而磨之。

若太燥则面粗，太润则难磨也。面曰"玉尘"。

鸡面

晋有不托之名。

割取越鸡稚而肥者，挦①洁去内脏，并头足和肤肉髓骨，捣糜烂，以绢囊盛，作沸汤。入濯②膏腴③匀面中，用饻轴④开薄，转折，细切为缕。又作沸汤煮熟，复投冷水中漉出。从意浇之以齑以芥辣，或合汤以瀹⑤之。凡面中用饻，用绿豆粉。越鸡——庄子注曰：小鸡也。

【译】杀嫩而肥的小鸡，将毛拔干净并去掉内脏，将头、足和皮肉、髓骨一并捣至糜烂，盛入绢袋放入水中做成汤。将脂油放入面和匀，用擀面棍擀薄，折叠，切成细丝。将汤烧开下面煮熟，再放入冷水中过凉。根据心意浇上齑或芥辣汁，或以鸡汤浇面。

---

① 挦（xián）：拔毛。

② 濯（zhuó）：洗。

③ 膏腴（yú）：肥肉或脂油。

④ 饻轴：似指擀面棍。

⑤ 瀹（yuè）：此处指以汤浇面。

齑汤

四制。

用切肥猪肉为脍，水煮，加酱、醋、施椒、葱白、缩砂仁调和。《内则》注曰：细切曰脍。《本草》曰：葱能杀鱼肉毒，食品所不可阙也。又曰：施椒杀出鱼毒。后仿此。

用熬熟油取鸭子鸭蛋调匀，细洒于内，加酱、醋、施椒、缩砂仁、葱白调和。

用煮鸡、鹅肥汁，加胡椒、施椒、酱油、葱白，少醋调和，切取为脍，置面上。

用大蟹煮熟取汁，加胡椒、花椒、酱、醋、葱白调和。蟹取黄白，置面上。凡下酱时，必俟其沸过乃动。后仿此。

【译】将肥猪肉切成细丝，并用水煮，加入酱、醋、施椒、葱白、缩砂仁来调和味道。

用熬熟的油将鸭蛋调匀，油要仔细洒在蛋中，加入酱、醋、施椒、缩砂仁、葱白来调和味道。

用煮鸡或鹅的汤，加入胡椒、施椒、酱油、葱白及少许醋来调和味道，将鸡或鹅肉切成细丝，放在面上。

用大个的螃蟹煮熟后取汤汁，加入胡椒、花椒、酱、醋、葱白来调和味道。将蟹黄、蟹肉放在面上。下酱的时候，一定要烧开再用。后面仿照此方法。

虾面

取生虾捣汁滤去滓，和面，轴开①薄折之，细切如缕。余同前制。其滓投鸡、鹅汁中，滤洁，调和为汤。

【译】取生虾捣汁、过滤并去渣滓，再用其和面，用面轴擀成薄片并折叠，切成细丝，剩下的制法与前面的相同。将渣滓下入鸡或鹅汤中，过滤干净，调和成汤汁。

鸡子②面

取鸡子同水调混黄白，和面，轴开薄用，折而切如细缕。余同前制。

【译】将鸡蛋同水调和并打散，用其和面，再用面轴擀成薄片，折叠后切成细丝。剩下的制法与前面的相同。

豆面

三制。

黄豆磨细面，匀于小麦面中，凡麦面一斗，豆面二斗。取清水沸汤相拌和之，轴开薄，折切如缕。余同前制。

以豆腐揉入。

煮黑豆取浓汁和入，曰"紫不托③"。以小麦七升、小豌豆一升同磨为面，甚滑。

【译】将黄豆磨成细面，和小麦面拌匀，一斗麦面用两斗豆面。用开水拌和面，用面轴擀成薄片，折叠后切成细

---

① 轴开：用面轴擀开。

② 鸡子：鸡蛋。

③ 不托：面条。

丝。剩下的制法与前面的相同。

将豆腐揉入面中。

煮黑豆取浓汁和入面中，成为"紫不托"。用七升小麦、一升小豌豆一同磨成粉，面条非常顺滑。

莱菔面

白莱菔切片，水中煮熟，漉起。每斤酒以铅粉一钱，复煮糜烂，捣和面中，轴薄，折切之如缕。每一斤对面一斤，余同前制。《本草》云："研为泥，制面作馎饦^①佳。"馎饦，音薄拓。

【译】将白莱菔切成片，在水中煮熟，捞起。每斤酒用一钱铅粉，再将白莱菔煮至糜烂，捣后和入面中，用面轴擀成薄片，折叠后切成细丝。每一斤白莱菔兑一斤面，剩下的制法与前面的相同。

槐叶面

杜子美、苏子瞻均有槐叶冷淘^②诗。

取稚槐叶捣自然汁，匀面，轴开薄切之，细切如缕，投猛水汤中煮熟。余同前制。

【译】取嫩槐树叶捣成自然汁，与面调匀，用面轴擀成薄片并切成细丝，下入滚开的水中煮熟。剩下的制法与前面的相同。

---

① 馎饦：面条。

② 冷淘：过水面及凉面一类食品。

山药面

山药，蒸，去皮，置日中暴干，挼^①为粉，筛细，每二升加小麦面四升，调蜜水和之，轴开薄，叠折而切如缕。余同前制。用蜜去葱，后仿此。以上细切者，或以筒溠之^②。溠，子入切。

【译】将山药蒸熟并去皮，放在阳光下晒干，揉搓成粉，用筛过细，每两升山药粉加四升小麦面，用蜜水来和面，用面轴擀成薄片，折叠后切成细丝。剩下的制法与前面的相同。

扯面

用少盐入水和面，一斤为率。既匀，沃香油少许，夏月以油单纸微覆一时，冬月则覆一宿，余分切如巨擘^③，渐以两手扯长，缠络于直指、将指^④、无名指之间，为细条。先作沸汤，随扯随煮，视其熟而先浮者先取之。菑汤同前制。油单纸汤泡去油气。

【译】将少许盐加入水中再和面，以一斤为比例。和匀，抹上少许香油，夏季用一层油纸稍微覆盖两个小时，冬季则要覆盖一夜，分切成大拇指粗的条，慢慢用两手扯长，

---

① 挼（ruó）：揉搓。

② 以筒溠（jí）之：指将水蜜调和的山药面，放入溠筒内，挤压出来，成为丝状细面条。

③ 擘（bò）：大拇指。

④ 直指、将指：食指、中指。

缠绕在食指、中指、无名指之间，扯成细条。先将水煮开，随扯随煮，面条熟后浮起，先浮起的先捞起。面浇头的制法与前面的相同。

索面[①]

黄山谷诗云："汤饼一杯云线乱。"

用面调盐水为小剂，沃之于油，缠之以架，而渐移架，孔垂长细缕。先用水煮去盐，复以前制齑汤瀹之，暴燥渐用。

【译】将面粉加盐水调和揉匀，揪成小面剂，抹上油，将面团缠在架子上，慢慢移动架子，使面顺孔漏下而成长条。先用水煮去咸味，再用前面制法做出的齑汤来煮熟，也可以将面条晒干收贮且慢慢取用。

细棋子面

用面取盐水和剂，轴之开薄，切如细棋子，以筛隔之。再切，再隔之，末者簸去。连汤勺于器内，旋转漉起，以肥鸡肉或肥猪肉切小细脍煮，加酱、醋、胡椒、花椒、葱调和为齑汤。暴燥，留取渐用。

【译】将面用盐水和好做剂，用面轴擀薄，切成像棋子一样的细，用筛隔开。再切，再用筛隔开，最后的簸去。用汤勺在锅内旋转将面捞起，用肥鸡肉或肥猪肉切成细丝煮制，加入酱、醋、胡椒、花椒、葱调和成汤。将面晒干，收

① 索面：此熟制，就是挂面。

贮留着慢慢取用。

玲珑面

二制。

取羊冷脂肪，细切匀于干面内，冷水和剂，轴开薄，切阔条，纳汤中，加酱、醋、花椒、葱白、酸齑①调和。

取鲜乳饼切细匀之。

【译】将羊的脂肪切丝均匀地撒在干面内，用冷水和面做成剂，用面轴擀薄，切成宽条，放入汤中煮制，加入酱、醋、花椒、葱白、咸菜末调和即可。

将鲜乳饼切丝拌匀。

馄饨

二制。

取盐水或乳饼，鸡子匀面，轴开薄，切小方片，纳之以馅料，折为兜②，抵其间而缄③。有露缘，则煎齑汤中煮浮熟，漉起，以冷水淋。其底以油润，夏蒸。有宜以甘草、葱、醋调和，汤深瀹。有宜以油煎。一水淋清，以面片，每置十数枚，鸡杂、鹅膏、盐、花椒、葱白括其缘，复入汤煮用。

用肥猪肉，去肌骨微焊④徐盐切，《黄氏日抄》云：瀹

① 酸齑：切成细末的咸菜。

② 兜（dōu）：这里指将馄饨皮馅折成小兜状。

③ 缄：封闭。

④ 焊（xún）：把肉放在开水里稍微煮一下。

而未熟为烰切醢^①若米，同丫鳖鱼、地青鱼、鲳鱼、石首鱼；或鳜鱼、鲻鱼、鲈鱼、乌鱼去骨，细切；或解^②熟蟹肉；或脱鲜虾肉杂之，加酱、胡椒、葱白和为馅。凡腥馅不宜入缩砂仁。后多仿此。倪云林云：用缩砂仁作嗳气^③。

用肥鸡肉去骨微烰，兼野鸡肉，加去皮胡桃、松榛仁及胡椒、花椒、葱、酱和为馅。

用竹笋芼熟^④，加酱、熟油、花椒、缩砂仁、葱等，菹^⑤之为馅。凡菠薐菜^⑥、荠菜、紫藤花、金雀花宜芼熟；凡茭白、胡萝卜、藕、瓠宜生用。皆用炒熟芝麻。天花菜、蘑菇之属，皆宜为馅。

【译】取盐水或乳饼和鸡蛋将面拌匀和好，用面轴擀薄，切成小方片，放上馅折成小兜状并封闭。要有露边，下入斋汤中煮制，浮起便熟，捞出，用冷水淋。夏天时在馄饨底部抹油后蒸着吃。馄饨适合用甘草、葱、醋调味，用汤煮熟。馄饨可用油炸着吃。用水淋清，做面片，每放十几枚，用鸡杂、鹅膏、盐、花椒、葱白做馅扎住馄饨边，再放入汤中煮制。

---

① 醢（hǎi）：用肉、鱼等制成的酱。

② 解：分开。

③ 嗳（ǎi）气：俗称打嗝。

④ 芼熟：焯熟。

⑤ 菹（zū）：切碎。

⑥ 菠薐菜：菠菜。

用肥猪肉，去掉肌骨后微煮，将肉切成米粒大，同丫鳖鱼、地青鱼、鲳鱼、石首鱼（或鳜鱼、鲻鱼、鲈鱼、乌鱼去掉骨并切丝；或煮熟的蟹肉丝；或掺入去壳的鲜虾肉），加入酱、胡椒、葱白做成馅料。腥馅不宜加入缩砂仁。后文介绍的大多仿照此做法。

将肥鸡肉去骨后微煮，掺入野鸡肉，加入去皮的胡桃、松仁、榛仁及胡椒、花椒、葱、酱做成馅料。

用焯熟的竹笋，加入酱、熟油、花椒、缩砂仁、葱等，切碎后做成馅料。菠菜、荠菜、紫藤花、金雀花都要焯熟；凡茭白、胡萝卜、藕、瓠适合生用。都要用炒熟芝麻。天花菜、蘑菇等都适合做馅。

包子

《方言》："餢䰞。"

用面、水和为小剂，轴甚薄，置之以馅，细蹙①其缘，束其腰而露其颠②，底下少沃以油，甑中蒸熟。常以水润其缘，不使面生。馅同馄饨，制宜姜、醋。餢䰞，音恼诈，熟食之肥者。

【译】用面、水和好做成小面剂，用面轴擀得很薄，放入馅料，捏出花边，扎紧包子的腰部露出顶部，包子底部抹少许油，放入甑中蒸熟。要用水湿花边，避免花边处的面

---

① 蹙（cù）：收缩。

② 束其腰而露其颠：大意似为扎紧包子的腰部露出顶部。

生。馅料与馄饨馅料相同，做的时候适合放些姜、醋。

汤角

用沸汤和面，生面为馞，匀为小剂，纳馅以缘缄密，置甑中蒸。常洒水则柔。或汤煮瀹之。馅同馄饨，制亦宜熟油和盐面为馅。

【译】用开水和面，生面作为馞面，做成均匀的小剂子，放入馅料将面皮边捏严实，放在甑中蒸熟。常洒水面皮柔软。或用水煮熟。馅料与馄饨馅料相同，做馅时适合加熟油和盐面。

馒头

稗官小说云："诸葛武侯杂用羊、豕之肉，裹之以为，以面人头祀神，后人由此效而为之，有馒头之名。"六制。

用醇酵和面揉甚匀，擀剂，纳馅，缄密之。先用荷叶或生芭蕉叶箪①笼间蒸热，布齐置缓火中蒸微温取下。俟酵肥复置锅上，速火一蒸，视不粘已熟，遂逐枚移动也。其制作圆而高起者曰"馒头"；低下者曰"饼"；低而切其缘细析为小瓣者曰"菊花饼"；面中以醇酵调之，以少蜜缄而开其头，曰"橐驼脐"②；长曰"茧"；斜曰"桃"。

【译】用醇酵和面揉至均匀，做成面剂，包入馅，封闭包好。先用荷叶或生芭蕉叶在箪笼中蒸热，摆齐放在小火中

① 箪（dān）：古代用竹子等编成的盛饭用的器具。

② 橐（tuó）驼脐：今有人称"金刚脐"、"老虎脚爪"或"京江脐"者，即此制也。

蒸微温后取下。将发酵做好的馒头再放在锅上，大火一蒸，不粘手就是熟了，然后是逐个移动一下。

酵

二制。

白酒中调干面于内，俟味老烈用之。

煮糯米饭加白酒醅于内，俟味老烈用之。若用速，加干面少许，易于老烈。夏月易熟，不须暖处；冬月则必置煁^①音晨灶侧，酌量加以生酒药一二丸。此酵为胜，不宜碱水。

【译】在白酒中调入干面，等味道老烈时再喝。

煮糯米饭加入没过滤的白酒，等味道老烈时再喝。如果想加快发酵，加入少许干面，容易发酵。夏季容易发，不必放在暖和的地方；冬季要放置煁灶的旁边，酌量加入一两丸生酒药。这是很好的发酵方法，不适合加碱水。

腥馅

调和如馄饨肉用刀粗醢，如大豆。二制。

肥猪肉去肌骨，微炜。惟宜同生竹笋。

羊惟熟脂肪，杂以韭。绵羊尾亦宜。

【译】将肥猪肉去掉肌骨，微微烧熟。很适合与生竹笋一同做。

用羊的熟脂肪，掺入韭菜。绵羊尾也适合掺入韭菜做馅。

---

① 煁（chén）：古代一种可移动的炉灶。

素馅

五制。

菠薐菜①、荠菜、竹笋茇熟，沛干②，细切为菹，及炒熟芝麻、熟香油或松仁油、杏仁油、花椒、葱白、酱、胡椒、缩砂仁少许，调和。

芥子湛洁，碾糜烂。同盐和，茇熟白菜菹。

胡桃、榛、松仁退皮细切，同白砂糖多煮熟糯米饭少许。

熟香油和盐、面、赤砂糖。

赤豆或江豆③茇糜烂，入竹器中，水洗去皮，取绢囊盛砂，去水，锅中炒燥，加蜜或赤砂糖复炒，干湿得所。宜加玫瑰膏、蔷薇膏、桂花膏、香合膏头少许，皆妙。有广糖、有闽糖、有抚糖。

【译】将菠菜、荠菜、竹笋焯熟，滤干水分，切成细末，加入少许炒熟的芝麻、熟香油或松仁油、杏仁油、花椒、葱白、酱、胡椒、缩砂仁，调和拌匀。

将芥子整治非常干洁，碾烂。调入盐，将白菜末焯熟。

将胡桃仁、榛仁、松仁去掉皮后切碎，与适量白砂糖及少许煮熟糯米饭拌匀。

用熟香油和盐、面、赤砂糖。

将赤豆或江豆煮烂，放入竹器中，用水洗去皮，取绢

---

① 菠薐菜：菠菜。

② 沛（jì）干：滤干。

③ 江豆：称为中国豆或黑眼豆，是豆科植物，栽培型，是一年生植物。

袋盛好豆沙，去水，在锅中炒至干燥，加入蜜或红砂糖后再炒，炒得干湿适度。可以加入少许玫瑰膏、蔷薇膏、桂花膏、香合膏头，味道都很好。

蒸卷

三制。

用酵和面，轴开薄，同花椒盐于面卷之，分切小段，俟肥蒸。

以酵和赤砂糖或蜜匀面为卷，蒸。

用酵和面，卷甜肥枣子，蒸。

【译】用酵和面，用面轴擀薄，在面卷上撒入花椒盐，切成小段，用大火蒸熟。

用酵和入红砂糖或蜜同面和匀做成面卷，蒸熟。

用酵和面，做成面卷并卷入大甜枣，蒸熟。

糕

五经无糕字，故刘禹锡不题糕，即古饵也，

乃米粉为之。二制。

取酵和面，染五色相间叠之，上积豆沙、栗丝、姜丝、炒熟芝麻，或调绿豆粉和馄饨馅，俟肥，甑蒸。每叠匀染酵水则粘。

取酵和面，加糖和蜜。及白者相间以叠，叠中用熟栗、枣子、退皮胡桃仁，蒸，用刀界之。颜色用胭脂、红曲、姜黄栀子、菜汁、墨。后多仿此。

【译】取酵和面，做五种颜色，一层一层地折叠好，上面放好豆沙、栗丝、姜丝、炒熟芝麻，或加入绿豆粉和馄饨馅，等发起后上甑蒸熟。每层面要均匀地涂抹酵水就会黏好。

取酵和面，加入糖和蜜。用白色的面一层一层地折叠好，折的时候加入熟栗、枣子、去皮的胡桃仁，蒸熟，改刀即可。

薄饼

二制。

用面渐入水，旋调稠韧，热锅少滑以油，浇面为薄饼。用熟腌肥猪肉、肥鸡鸭肉切条脍及青蒜、白萝卜、胡萝卜、胡荽、酱瓜、姜、茄、瓠切条菹同卷之。

用生熟水和面条擀开薄，熯^①熟，即以冷水淋过卷之。有以淆^②蔌^③同用。凡用生熟水：七分沸汤、三分冷水。后仿此。

【译】将面慢慢加入水，调和成稠糊。将热锅滑入少许油，浇面糊做成薄饼。用薄饼将熟腌肥猪肉、肥鸡肉、肥鸭肉（均切成条或丝）及青蒜、白萝卜、胡萝卜、芫荽、酱瓜、酱姜、酱茄、酱瓠（均切成条或碎粒）一同卷好。

---

① 熯（hàn）：烤；烙。

② 淆（xiáo）：混杂。

③ 蔌（sù）：蔬菜的总称。

用生熟水和面，做条擀成薄片，烙熟，再用冷水淋过卷好。可以加入各种蔬菜一同吃。

蒸饼

用酵和面擀为圆薄饼，少润以油，叠数层。俟酵肥，蒸熟，层揭之，卷，同薄饼。以八宝等齑加肉条脍尤美。

【译】用酵和面，擀成圆的薄饼，抹少许油，几张饼叠起。等酵发透，上笼蒸熟，一层一层揭开，卷菜吃，与薄饼相同。

春饼

用汤和面，加干面，揉小剂，鏊^①盘上急翻熟，盐水匀洒，湿新布覆之，卷，同薄饼。

【译】用热水和面，加入干面，揉匀并做成小剂子，在鏊盘上快速翻面，将饼烙熟，均匀地洒上盐水，用湿的新布覆盖，卷菜吃，与薄饼相同。

荞饼

用荞麦，水渍柔，和水轻磨去壳囊，洗滓尽，以所磨面，调小麦面少许，如前卷馅。

【译】取荞麦用水泡软，和入水磨去荞麦的壳囊，洗掉渣滓，用来磨成面，加入少许小麦面调匀，像前面方法做成薄饼并卷馅。

---

① 鏊（ào）：烙饼的器具。

油烙卷

三制。

用浇薄饼或春饼，将前料物卷折粘之，少油内烙。

用盐、蜜、生熟水和面擀薄饼，油中烙，涂以蜜、糖，卷食。

用鲜乳饼揉面中，和盐、生熟水，擀薄饼，油中烙，涂以蜜、糖，散以细切去皮胡桃、榛、松仁，卷。合酥揉面中亦宜。

【译】用浇好的薄饼或春饼，将前面说到辅料卷好、折粘封口，在少许油内烙熟。

用盐、蜜、生熟水和成面团并擀成薄饼，在油中烙熟，涂上蜜、糖，卷着吃。

将鲜乳饼揉入面中，和入盐、生熟水，擀成薄饼，在油中烙熟，涂上蜜、糖，撒上去皮并切碎的胡桃仁、榛仁、松仁，卷着吃。将合酥揉入面中也可以。

油煎卷

二制。

用春饼置馒头馅、馄饨馅视所宜①，或猪脂肪，卷折粘之，在多油内煎燥。

用黄雀脑、翅细斫②，椒、酱调和，入腹，染调面油

---

① 所宜：适宜，妥当。

② 斫（zhuó）：用刀、斧砍。

煎。羊熟肥肠、椒、酱，先煮，调和，再染面煎。

【译】根据馒头馅、馄饨馅哪个适宜放入春饼内，或者是猪脂肪，卷好、折粘封口，在适量的油内煎熟。

将黄雀脑、翅剁碎，加入花椒、酱并拌匀，放入黄雀腹内，粘调好的面用油炸熟。用羊熟肥肠、花椒、酱也可以，要先煮制，调匀拌和，再粘面炸熟。

新韭饼

用生熟水和面，擀开薄。取猪肉先焯，细切醢。新韭细切菹。坋花椒、胡椒屑，葱白、酱匀和入内锁之，再擀饼，热锅中煤熟。

【译】用生熟水来和面，擀成薄片。先将猪肉煮熟，剁成肉酱。将新鲜的韭菜切碎。撒上花椒末、胡椒末，加入葱白、酱调匀做成馅，用薄面片包好馅料，再擀成饼，放在热锅中烙熟。

脂肪饼

三制。

用生熟水和面，擀开。取猪脂肪细切，盐少许和纳，锁为小剂，再擀成薄饼，热锅煤之。

以脂肪同生熟水并揉厚饼，切块煤之。

细切脂肪干面为馅，将生熟水和面，锁缘为饼，煤之。后二制以鸡鹅膏、猪脂肪熬化亦佳。

【译】用生熟水和面，擀成薄片。取猪脂肪切碎，加入少许盐拌成馅，用薄面片将馅包好做成小剂，再擀成薄饼，放入热锅烙熟。

用脂肪同生熟水一并将面揉成厚饼，切成块烙熟。

将切碎的脂肪干面做成馅，用生熟水和面，（将面擀成片并包入馅料）捏住边缘做成饼，烙熟。后两种方法将鸡膏、鹅膏、猪脂肪熬化用也可以。

千层饼

二制。

用生熟水和面，擀开薄，或布鸡、鹅膏，或布细切猪脂肪，同花椒盐少许，厚掺干面卷之，直捩①数转，按平擀为饼。

用直捩数转，复以生熟水和面为外皮，括于内，擀薄饼。俱热锅熯熟。

【译】用生熟水和面，擀成薄片，可以抹匀鸡膏或鹅膏，也可以铺上切碎的猪脂肪，同时撒上少许花椒盐，厚厚地掺入干面并卷好，扭转几圈，按平后擀成饼。

先（将做好的卷）扭转几圈，再用生熟水和面做成外皮并包好（卷），擀成薄饼。都放入热锅内烙熟。

薄焦饼

用水和面，加生芝麻于内，揉小剂，擀甚薄饼，热锅熯燥熟。有和以花椒、盐、热油，亦有砂糖、捣去皮胡桃仁，

① 捩（liè）：扭转。

皆宜。

【译】用水和面，加入生芝麻，揉匀并做成小剂子，擀成很薄的饼，在热锅内烙干至熟。有的人加入花椒、盐、热油，也有的人加入砂糖、去皮并捣碎的胡桃仁，都可以。

回回煎饼

用面和酵俟肥，再加酵调成稠浆，勺入铁炉内，炼火慢烘熟，切条段，乘热以酥蜜或松仁油、杏仁油染之。

【译】用面和入酵发透，再加入酵调成稠浆，盛勺内并放入铁炉上，用炭火慢慢烘熟，切成条或段，趁热涂抹酥蜜或松仁油、杏仁油。

酥皮角儿

用面以油、水、少许盐和为小剂，擀开纳前馄饨腥馅、素馅，或热油、盐调干面而缄其缘，油煎之。

【译】取面加入油、水和少许盐和面并做成小剂，擀开放入前面说的馄饨腥馅或素馅，用热油、盐调干面来封口，用油炸熟。

蜜透角儿

用生熟水和面，擀小剂，纳去皮胡桃、榛、松仁，或糖、蜜、豆沙。缄其缘油煎，乘热以蜜染透。

【译】用生熟水和面，做成小剂擀成薄片，包入去皮的胡桃仁、榛仁、松仁，或加入糖、蜜、豆沙。封口后用油炸熟，趁热涂抹上蜜。

熯饼

三制。

用酵和面，加油、盐为饼，先熯。再以小石在锅炒热，藏饼于中焙^①。

以白酒同水和面为饼，热锅熯熟。

用煮鹅、鸡汁和面为饼，熯熟，俱可括馅，或馄饨腥馅、素馅，或糖面、熟油盐面。

【译】用酵和面，加入油、盐做成饼，先烙熟。再用小石头在锅里炒热，将饼放在小石头中烘干。

用白酒同水和面做成饼，放入热锅烙熟。

用煮鹅或鸡的汤和面做成饼，烙熟，饼内都可以放馅，或者是馄饨腥馅、素馅，或者是掺入糖的面，或者是掺入熟油、盐的面。

烧饼

用酵和面，缄豆沙或糖面，擀饼润以水，染以熟芝麻。俟酵肥，贴烘炉上自熟。

【译】用酵和面，（做成小剂，擀成薄片）包入豆沙或掺入糖的面并封口，再擀成饼后用水湿润，粘上熟芝麻。等发透后贴在烘炉上烤熟。

---

① 焙（bì）：用火烘干。

糖酥饼

今日胜涿州。

凡面一斤炒香熟，有以棉纸藉①甑底蒸熟，和白砂糖三两、熬熟油、少水匀面，或加松仁油、杏仁油少许，燥湿相停，范②小饼，置拖炉上爆音博至糖溶。

【译】将一斤面炒香，用棉纸衬甑底将面蒸熟，和入三两白砂糖、熬熟油、少许水将面拌匀，可以加入少许松仁油或杏仁油，干湿适度，用模具拓成小饼，放在拖炉上烤至糖溶化。

蜜酥饼

三制。

用棉纸藉甑底，蒸面熟，和以蜜酥为皮，缄退皮胡桃仁、熟栗肉、去皮枣肉细切，同蜜为馅，置鏊盘上烘。

用熟香油酥、白砂糖、熟蜜各四两，酵面四两，白面二斤，坊缩砂仁、施椒各五钱，和，范为饼，入鏊盘，慢火烘。

用油熬熟，先入蜜或赤砂糖调，又入面慢火调韧，加松仁，擀厚饼切用，即回回③食。

【译】将棉纸衬在甑底，将面蒸熟，和入蜜酥做成面皮，将去皮的胡桃仁、熟栗肉、去皮的枣肉切碎，同蜜做成

① 藉：以物衬垫。

② 范：铸造器物的模子。

③ 回回：明清时期广泛使用的术语，指回族。

馅，（用面皮包入馅，做成饼）放在鏊盘上烤熟。

用熟香油酥、白砂糖、熟蜜各四两及四两酵面、两斤白面，加入缩砂仁、施椒各五钱，和匀，用模具拓成饼，放入鏊盘，用慢火烤熟。

将油熬熟，先入蜜或红砂糖调匀，再入面用慢火调稠上劲，加入松仁，擀成厚饼切着吃，这是回族的食品。

酥油饼

即髓饼。

用面五斤为则，芝麻油或菜油一斤，或加松仁油，或杏仁油少许，同水和面为外皮，纳油和面为馅，以手揉折二三转。又纳蜜和面，或糖和面为馅锁之，擀饼，置拖炉上熟。

【译】以五斤面为规则，加入一斤芝麻油或菜油，或加入少许松仁油，或加入少许杏仁油，同水来和面并做成外皮，放入油和面做成的馅，以手揉、扭两三转。再放入蜜和面做成的馅，或者放入糖和面做成的馅并封口，擀成饼，放在拖炉上烤熟。

蜜和饼

用面炒香熟，罗细，趁热和蜜及少汤，同碾去皮胡桃、榛、松仁，范为饼。

【译】将面炒香，用罗筛筛过，趁热和入蜜、少许水及碾去皮的胡桃仁、榛仁、松仁，用模具拓成饼。

糖面饼

三制。

用面，取然炭灰淋热碱水，同赤砂糖和为小剂，缄以糖面馅，范为天花饼，置拖炉上熟。

缄油面馅，擀薄，染以熟芝麻，置拖炉上熟为薄脆。

为饼置拖炉上熟，糖润之，厚积糖炒面、薄荷末、糖香为堆砂。以熟糖饼磨屑，积之味淡。

【译】用面，取燃烧完的炭灰淋入热碱水，同红砂糖和面做成小剂，（擀薄）包入糖面馅并封口，用模具拓成天花饼，放在拖炉上烤熟。

（用面皮）包入油面馅并封口，擀薄，粘上熟芝麻，放在拖炉上烤熟至薄而脆。

做面饼放在拖炉上烤熟，用糖湿润，再堆积厚厚的糖炒面、薄荷末、糖香作为堆砂。用磨碎的熟糖饼末来堆积，味道淡。

复炉饼

用胡桃仁退皮捣糜烂，和蜜、熟酥油，饼为小圆，别以油、水和面苴①干外，擀饼，复入炉烘熟。

【译】将去皮的胡桃仁捣成末，和入蜜、熟酥油，饼做成小圆形，再用油、水和面包裹至微干，擀成饼，再放入炉中烤熟。

———————————————

① 苴：这里是包裹的意思。

香露饼

二制。

用面一斤为率，以棉纸藉甑底以蒸过，取油、水、蜜相停①调匀，擀薄饼。取绿豆粉为饽，细攒折儿，将槌研②圆，置滚油内煎起，润蜜，碾松子仁于上。

用水、小粉再湛洁二斤，同白砂糖、熟蜜各四两，入锅慢火调煎至浓，加熟香油四两，再调煎极稠，碾去皮胡桃、松仁，和之为厚饼。冷定切小块，掺以糖香少许，即回回"哈哩哇"。

【译】以一斤面为比例，用棉纸衬在甑底将面蒸过，取均等的油、水、蜜将面调匀，擀成薄饼。取绿豆粉为饽面，细细捏折儿，用木槌压成圆形，放在热油内炸熟捞起，用蜜湿润，撒上碾碎的松子仁。

用水、两斤很白的面粉，同白砂糖、熟蜜各四两，放入锅中慢火熬制浓稠，加入四两熟香油，再调匀熬制极稠，加入碾碎的去皮胡桃仁、松仁，和匀做成厚饼。饼凉后切成小块，掺入少许糖香，这是回族的食品"哈哩哇"。

一捻酥③

同酥油饼。油、水、面擀为小剂。又以油和面，同盐、花椒末为馅锁之，手范为一指形，置拖炉上熟。

---

① 相停：相等，均等。

② 研（yà）：碾玉。

③ 此处底本旁批为：即卷酥也。

【译】做法与酥油饼相同，用油、水和面，擀后做成小剂。再用油和面，同盐、花椒末做成馅，用面皮包裹馅料并封口，用手整成一个手指的形状，放在拖炉上烤熟。

透糖

三制。

用香油、水、赤砂糖和面，切小条块，置热油中煎熟，入糖炒面中，粘之于上者。

用锅中熬热油，调赤砂糖炒面粘之者。

为丸，入油煎熟，染以赤砂糖，粘以熟芝麻，曰"欢喜团"者。

【译】用香油、水、赤砂糖和面，切成小条或块，放在热油里炸熟，再放入糖炒面中，沾上面即可。

在锅中熬热油，调入并沾上红砂糖炒面。

将面做成丸，入油炸熟，裹上红砂糖，再沾上熟芝麻，成为"欢喜团"。

香花

用面蒸熟或炒，每一斤坋薄荷叶三两、白砂糖三两，熟水调蜜和之，范为饼。

【译】将面蒸熟或炒熟，每一斤面加入三两薄荷叶、三两白砂糖，用熟水并调入蜜和好，用模具拓成饼。

松花

同香花制。坋熟砂仁一两、薄荷叶一两，外掺糖香少许。

【译】与香花的制法相同。加入一两熟砂仁、一两薄荷叶，再掺入少许糖香。

糖花

用拖炉糖饼复碾为粗末，熬赤砂糖和之，掺以糖香、薄荷坋，范为饼。

【译】将用拖炉烤熟的糖饼再碾成粗末，用熬好的红砂糖和匀，掺入糖香、薄荷，用模具拓成为饼。

芝麻叶

同面同生芝麻，水和，擀开薄，切小条子，中通一道，屈其头于内而伸之，投热油内煎燥。

【译】取面、生芝麻，用水和成面团，擀成薄片，切成小条子，中间划开一道，折一头放入划开的道内再拉伸，投入热油内炸脆。

猪耳

用水和面，擀开薄，切为三缘，以两缘总①之，入热油中煎燥，润以赤砂糖，掺以熟芝麻及少薄荷粉，或炒糖面。

【译】用水和面，擀成薄片，切成三边形，将两边捏住，放入热油中炸脆，撒上红砂糖，掺入熟芝麻及少许薄荷粉，或者掺入炒糖面。

巧花儿

用蜜、油、水或糖油和面，手范为杂花形，置沸油中

---

① 总：这里似指捏住面皮两边。

煎燥。

【译】用蜜、油、水或糖油和面，用手将面做成杂花形，放在热油中炸脆。

馓子

用油、水同盐少许和面，揉匀，切如棋子形，以油润洛，中开一穴，通两手搓作细条，缠络数周，取芦竹两茎贯内，置沸油中，或折之，或纽之，煎燥熟。亦有和赤砂糖者、以蜜者。有用面挎条煎。

【译】用油、水及少许盐和面，揉匀，切成棋子状，用油润一润，中间开一孔，用两手搓成细条，缠绕数周，取两茎芦竹插在里面，放入热油中，将面条或者折叠，或者扭转，炸至熟脆。也可以和入红砂糖或者蜜。也有将面扭成条来炸制的。

凡制面物，须用调和折衷[1]，手法纯熟，火候缓急，无不合宜，巧得精妙也。束皙[2]《饼赋》：春用馒头，夏用薄持，秋用起溲，冬用汤饼，四时皆宜牢丸[3]。予考：凡以面为食具者，皆得谓之"饼"，故火烧而食者呼为"烧饼"，水瀹而食者谓之"汤饼"，笼蒸而食者呼为"笼饼"。而馒

① 折衷：调和使之适中。

② 束皙：晋代人，著有《饼赋》。

③ 牢丸：又称"牢九"。食品名。汤团。一说为蒸饼。

头谓之"笼饼"。今予名之者，乃家造而方言耳。

【译】凡做面食，一定要调和适中，手法纯熟，火候适度，无不合适，巧得精妙。

粉食制

粉者屑米之谓也。凡粉皆用稻米，而黍稷之粉虽佳，

不若稻米尤精美也。

水磨丸

取精御糯米湛洁之，水渍之，同水磨细，以绢囊取其渣滓，复以囊括其绝细糁^①音莘，沥微干，缄为丸。馅用白砂糖，去皮胡桃、榛、松仁，或蜜、糖、豆沙。投沸汤中熟。

【译】取清洗干净的精御糯米，用水浸泡，再同水磨细。用绢囊取磨出的渣滓，再用绢袋盛好最细的细糁，沥水至微干，做成丸。馅用白砂糖及去皮的胡桃仁、榛仁、松仁，或者用蜜、糖、豆沙。将做好的丸投入开水中煮熟。

水浮丸

白糯米湛洁，渍柔。又以芋魁^②去皮，在粗器中研糜烂。米、芋相半，杂水磨细。绢囊取渣滓，复括囊，取其绝细糁，至微干，捣去皮胡桃，溲为丸，水煮自浮。加糖或蜜、山药可依为之。

【译】取清洗干净的白糯米，浸泡至柔。再将芋头去皮，用粗器研磨至极烂。米糯、芋各一半，掺入水磨碎。用绢囊取渣滓，再放入绢袋中取最后最细的细糁，沥水至微

---

① 糁（shēn）：粉渣。

② 芋魁：芋头，芋的块茎。亦泛称薯类植物的块茎。

干，加入捣碎的去皮胡桃，做成丸，用水煮至丸自然浮起。加糖或蜜、山药也可以这样做。

小裹金丸

三制。

淅白糯米碓①取重筛绝细粉，水发之，为小丸。

取干豆沙以糖、蜜先发为小颗，或响糖小颗，将干粉渐加，水发积染于外，为小丸。

以板刻槽，用汤溲粉，嵌于中。复缄豆沙于内，刀背切开，手规为小丸，水煮。

【译】将白糯米淘洗干净，取细筛筛出细粉，用水泡发，做成小丸。

取干豆沙用糖、蜜先做成小颗粒，或用响糖做成小颗粒，将干粉慢慢加入，水发后粘裹在外面，这样就做成了小丸。

用木板刻槽，用热水和粉，嵌在槽内。再放入豆沙封闭，用刀背切开，用手做成小丸，入水中煮熟。

团

《本心斋蔬食谱》曰："水团。"

白糯米湛洁，晾干，磨绝细，汤溲之，纳馅，括其缘为团，入汤煮浮熟。或蒸熟。馅同《面食制》馄饨腥、素，或赤砂糖。元旦、上寿、喜庆之宴，则书吉语，裁竹木小签置

---

① 碓（duì）：指木石做成的捣米器具。

于中，以为利市。

【译】取泡洗干净的白糯米，晾干，研磨成细粉，用热水和粉，包入馅，做成团，下入水中煮至浮起而熟。或者将团蒸熟。馅的做法与《面食制》中馄饨腥馅、素馅相同，或者用红砂糖。

糕

《楚辞》曰："饵。"五制。

用精御粳米一斗，有杂糯米一升，湛洁渍肥，沥干重磨，筛绝细粉，或碓。复暴之，加白砂糖，或蜜或赤砂糖。又磨、碓，又筛。濯湿布箪笼底，再轻筛于笼中。随欲大小，界为条块，蒸熟。有以颜料为五色间之，纸藉炼火上炙燥，藏可经岁。

每米一斗，糖宜四斤、蜜二斤。有和切猪脂肪，不宜炙。

用糖溲粉，杂退皮松仁、胡桃仁、熟栗肉、枣肉、熟赤豆，同渐轻布甑蒸熟。衣以湿布，手揉实为垛者。

用叠颜色面压而为花形，再衣湿布揉者。

有底粉揉实而面积糖、蜜、豆沙者，今皆名之曰"糕"，揉者宜油煎。

前二制各和薄荷、缩砂仁、橙皮末、糖香、姜粉为五味。

【译】取一斗精御粳米，掺入一升糯米，浸泡后洗干净，再浸泡透，沥干水分后研磨，用细筛筛出细粉，或用碓来捣。再晒制，加入白砂糖，或者蜜或者红砂糖。再研磨或用碓捣，再筛。将洗净的湿布铺在箪笼底，再将粉轻筛在笼中。大小随意，划成条或块，蒸熟。用颜料做成相间的彩色，用纸衬在炭火上烤干，收贮可以经过一年。

每一斗米，适合加四斤糖、两斤蜜。也有和入切碎的猪脂肪，不适合烤制。

将糖和入粉，掺入去皮的松仁和胡桃仁及熟栗肉、枣肉、熟赤豆，一同慢慢放在布上用甑蒸熟。用湿布包裹好，用手揉实堆成堆。

将叠好的有颜色的面压成花形，再用湿布包裹好，用手揉匀。

将底粉揉实，在面上有糖、蜜、豆沙的，今天都称为"糕"，揉实后用油炸熟。

饼

取低下而平圆者，方俗曰："太平圆。"

湛洁白粳米五升、白糯米一升，浙肥，沥去水，碓细粉，汤溲，甑中蒸熟，锁碎。碾熟芝麻、白砂糖馅，馅中或加松仁油、杏仁油少许，范为饼，热锅内熯，糖溶为度。春为绿色，捣燕麦汁，加石灰少许，旋调精，沫掠，热锅中溲水粉也。

【译】取浸洗干净的五升白粳米、一升白糯米，泡发，沥去水分，用碓捣成细粉，加水和匀，放入甑中蒸熟，捣碎。用碾碎的熟芝麻、白砂糖做馅，馅中可以加入少许松仁油或杏仁油，用模具拓成饼，放入热锅内烙制，直至糖化为止。

乳粉饼

凡白糯米细粉八合，白粳米细粉二合，揉匀，鲜牛乳饼半斤，为小饼。内锁以白砂糖、去皮胡桃、榛、松仁。或蒸，或煮之。

【译】取八合白糯米细粉、两合白粳米细粉，揉匀，加入半斤鲜牛奶饼，做成小饼。饼内包入白砂糖及去皮的胡桃仁、榛仁、松仁。饼可以蒸着吃，也可以煮着吃。

油虚茧

《岁时杂记》："人日京师贵家造探官茧。"

用白糯米细粉溲之，锁熬熟猪脂、白砂糖为茧，复入猪脂中煎燥为度。

【译】用白糯米细粉溲和，包入用熬熟的猪油、白砂糖做成的茧，再放入猪脂中炸脆为止。

豆裹餈

用碓白糯米粉，蜜、汤溲为小饼，煮。外以蜜、豆沙或糖豆沙通厚积之。

【译】取用碓捣好的白糯米粉，加入蜜、热水拌和，做成小饼，煮制。饼外用蜜、豆沙或糖豆沙厚厚地包裹。

粽

形制不一，古名"角黍"。

用精凿①糯米湛洁之，候微干。摘芦叶煮熟，卷米，中藏蜜、糖、豆沙，或猪肉醯料，或肥枣，或去皮胡桃、榛、松仁、白砂糖。又转折成角，必紧束坚实，入锅煮熟。宜蜜宜糖，茭叶同制。

【译】取舂过的糯米淘洗干净，等水分微干。摘来芦叶煮熟，包入糯米，其中放入蜜、糖、豆沙，或者猪肉酱料，或肥枣，或去皮的胡桃仁、榛仁、松仁、白砂糖。再折转成角，一定要扎紧扎结实，放入锅中煮熟。可以用蜜也可以用糖，用茭叶做法与此相同。

餈

许慎曰："餈，稻饼也，炊米捣烂之也。"

《本心斋》曰："玉砖炊饼方切也。"二制。

用白粳、糯米相半，汤中煮少熟，取起别入锅。以钵器密覆煮一时，就于锅中旋调，调韧取起。加研碎炒熟芝麻，同盐少许，掺之，擀开，界之。

用白糯米煮饭，臼中捣烂，干则少洒以水，擀开方切以片。粘则润以熟油，暴之使燥，复切，入锅炒，加糖或盐。

【译】取白粳米、白糯米各一半，用热水煮至微熟，捞出放入另外的锅中。用钵器盖严实煮两个小时，在锅中搅

---

① 精凿：舂去谷物的皮壳。亦指舂过的净米。

拌，调拌有韧性后取出。加入研磨碎的炒熟芝麻，加少许盐，掺和拌匀，擀开，划成块。

将白糯米煮饭，在臼中捣烂，如果干就少洒些水，擀开后切成片。如果黏就加些熟油润一润，在阳光下晒干，再改刀，下入锅中炒制，加少许糖或盐。

风消糖

白糯米五升为率，磨细粉，先取多半杂糖水或饧，溲为厚饼。每饼中通一穴，入豆萁①灰淋水中煮过熟。漉起后，以少半生粉渐揉和带稍坚，擀薄小饼，暴之使燥，置沸油内，以箸②挟其缘，聚而取之。用糖炒面掺。

【译】以五升白糯米为比例，将白糯米磨成细粉，先取多一半加入糖水或饧，和匀做成厚饼。每饼中挖一穴，再放入豆秸灰淋水中煮至熟透。饼捞出后，再用另少一半的生粉慢慢揉入，揉至稍硬，擀薄做成小饼，在阳光下晒干，放入热油内，用筷子夹住，炸至饼边聚起后捞出。可以掺入糖炒面。

甘露饼

用精御糯米磨绝细，以蜜、水溲团，蒸熟。切小颗，生粉为餈，擀薄暴燥，置沸油中煎燥，杂松仁油、杏仁油。取白砂糖和薄荷叶，坋掺之。

---

① 豆萁：豆秸的俗称。

② 箸（zhù）：筷子。

【译】将精御糯米研磨极细，加入蜜、水和匀做成，蒸熟。再切成小颗粒，用生粉为馇面，擀薄后晒干，下入热油中炸脆，掺入松仁油、杏仁油。也可以掺入白砂糖和薄荷叶。

芙蓉叶

用白糯米磨细粉，蜜和薄洒溲粉，蒸熟，匀生粉为馇，擀薄片折切，范芙蓉叶状暴燥，置沸油内煎熟。掺以砂糖面、糖香少许。

【译】将白糯米磨成细粉，薄薄地洒入蜜和粉，蒸熟，撒匀生粉做馇面，擀成薄片折叠后改刀，用模具拓成芙蓉叶的形状并晒干，下入热油内炸熟。可以掺入少许砂糖面、糖香。

玉荍白

用白糯米粉一升，干山药粉半升，芋魁劘①去皮，捣糜烂，和水滤去汁，溲二物揉实，长若荍白状，暴燥。取香油一斤、蜜一斤，同煎肥，复以蜜染。取炒熟芝麻衣之。

【译】取一升白糯米粉、半升干山药粉，将芋头削去皮并捣至极烂，和入水滤去汁，将二物和匀并揉实，做成长条且像荍白一样，在阳光下晒干。取一斤香油、一斤蜜，用油将"荍白"炸透，再粘裹上蜜。用炒熟的芝麻覆盖。

---

① 劘（mó）：切削。

骨髓饼

用白糯米粉五升、牛骨髓半斤、白砂糖半斤、酥四两，沸汤溲为饼，铁锅中煨熟。

【译】取五升白糯米粉、半斤牛骨髓、半斤白砂糖、四两酥，用开水拌匀，做成饼，放入铁锅中烙熟。

山药糕

山药蒸熟去皮，切片，暴燥，磨细，计六升；白糯米新起浙碓粉，计四升；白砂糖二斤，蜜水溲之，复碓。筛甑中，随界之，蒸粉熟为度，宜火炙①。

【译】将山药蒸熟后去皮，切成片，在阳光下晒干，磨成细粉，计六升；将白糯米淘洗干净并用碓捣成粉，计四升；白砂糖两斤，将这些料用蜜、水溲和，再用碓捣细。将粉筛在甑中，随意划几道，将粉蒸熟为止，适合用火烤。

莲蓊②糕

干莲蓊去薏，细切，暴燥，磨末，同山药糕制。

【译】（略）

芡糕

干芡捣去壳，磨细末，同山药糕制。其末范饼，别用蒸熟。

【译】（略）

---

① 此处底本眉批：糖者心，糕坚硬之极，恐不堪矣。

② 莲蓊（dì）：古书上指莲子。

栗糕

栗实炒熟，去壳，捣烂，暴燥，磨细粉，同山药糕制。白砂糖用半斤。

【译】（略）

松黄糕

《韵府》云："松花名松黄，服之轻身。"

松黄六升、白糯米绝细粉四升、白砂糖一斤、蜜一斤，少水溲和，复碓之，复筛之，甑中界之，蒸至粉熟为度。

【译】取六升松花、四升白糯米极细粉、一斤白砂糖、一斤蜜，用少许水溲和，再用碓捣细，再筛过，放入甑中划上道，直至将粉蒸熟为止。

炒米糕

南粤以方切者为糖方。

用白糯米炊饭、湛洁，暴燥，干沙中炒虚圆，杂炒芝麻，以赤砂糖加饧，置热锅中溲匀，取起揉实。俟冷，切为片。或趁热手规之为欢喜团。煎苏木水染饭，暴燥，炒为红米。

【译】白糯米蒸成饭，淘洗，晒干，在干沙中炒至虚圆，掺入炒芝麻，加入红砂糖、饧，放在热锅中溲匀，取起揉实。晾凉后切成片。或趁热用手整成欢喜团。

米糷①

音烂。谢叠山云："米线②。"二制。

粳米湛洁，碓筛绝细粉，汤溲稍坚，置锅中煮熟，杂生粉少半③，擀使开，折切细条，暴燥，入肥汁中煮，以胡椒、施椒、酱油、葱调和。

粉中加米浆为糨④，揉如索绿豆粉，入汤釜中，取起。

【译】将粳米淘洗干净，用碓捣细筛出细粉，用水溲和稍硬，放在锅中煮熟，加入少半生粉，擀成片，折叠切细条，晒干，放入肉汁中煮，加入胡椒、施椒、酱油、葱调味。

在粉中加入米浆成糨糊，揉匀像绿豆粉条，入汤釜中煮熟后捞出。

二粉片

每白糯米粉一升，黄大豆粉二升，汤溲之，揉实切为厚片，入肥肉汁煮，加椒、酱、酸齑调和。

【译】每一升白糯米粉用两升黄大豆粉，加水和好，揉实后切成厚片，下入肉汤中煮熟，加入花椒、酱、咸菜末调和。

---

① 糷（làn）：饭烂相粘着。

② 米线：今云南、西南等地尚有之，如"过桥米线"等。

③ 少半：古谓三分之一。后谓不到一半。

④ 糨（jiàng）：糨糊。

蓼花制

蓼花

取芋魁劚去皮，捣糜烂七分，杂白糯米绝细粉三分，复捣一处，为厚饼数十枚，水煮过熟，置器中，调搅甚匀。先将木板，傅饽在上，擀开，暴半燥，切片段，复暴燥，用又切小颗，同干沙炒肥。或同小石子炒，为后四制，以猪脂熬为油，入煎之，尤肥而松也。

【译】取芋头削去皮，捣至极烂作为七分，掺入三分白糯米细粉，合为一处再捣，做成几十枚厚饼，用水煮至熟透，放在容器中调搅均匀。先将饽面撒在木板上，把煮过的厚饼擀开，晒至半干，切成片，复再晒干，再切成小颗粒，同干沙一起炒热。或同小石子一起炒，下面的四种小吃做法也同样，将猪脂熬成油，将炒好的小颗粒进行炸制，炸好的蓼花个儿大蓬松。

檀香球

用白砂糖水煮，加炒熟面，乘热染之，火炙燥。

【译】将檀香用白砂糖水煮制，加入炒熟的面，趁热涂上颜色，再用火烤干。

七香球

用赤砂糖同炒熟面和糖香、香油，煮溶染之。

【译】（略）

芝麻球

用先染以赤砂糖，后衣以炒熟芝麻。

【译】（略）

薄荷球

用薄荷叶坋之，同芝麻球制。

【译】（略）

白糖制

白糖①

《楚辞》曰："饧餭，缅甸取贝木实汁熬为白糖。"

饧餭，音张皇。

白糯米每一斗蒸饭候冷，杂以捣碎麦蘖二升，再杂以砻谷糠，和汤满浸。候味甘，置淋缸中，放其水煎之。渐用锹器翻挑成糖，其柔薄者即饧。然造此火不宜息，亦视天之寒热也。粳米亦宜，糯米糖多。有揉炒芝麻切为糕者，有卷豆末而为管者，有为条为饼之类，其制非一。

【译】将每一斗白糯米蒸成饭后晾凉，掺入两升捣碎的麦蘖，再掺入砻过的谷糠，将水加满并浸泡。等到味道甜时，淋入缸中，将缸中水进行煮制。慢慢用锹类器具翻挑成糖，又柔又薄的就是饧。然这时不要熄火，也要根据天气的冷暖。粳米也适合做饧，糯米含糖要多一些。

酥卷糖

先用退皮胡桃二个、炒熟芝麻碎捣入锅温之，置糖于内，熬□□②，取擀薄，卷为小块，坋花椒、薄荷叶、缩砂仁少许，掺之于上。

【译】先将两个去皮的胡桃仁、炒熟的芝麻碎捣后放

---

① 白糖：这里应指的是饴糖，而不是今天的白糖。

② 此处底本缺二字。

入锅内小火温着，再加入糖，熬□□，取出后擀薄，卷成小块，将少许花椒、薄荷叶、缩砂仁掺在上面。

藕丝糖

取白糖隔汤顿醒，就汤锅气中以湿手抽叠之，筒而吹嘘之，窍如藕，热刀随裁作长短条段，外衣以炒米花，或杂以熟芝麻、薄荷叶坋。有为球，以线结。

【译】取饴糖隔水炖化，就着锅中水汽用湿手进行抽叠，做成筒状再吹出小孔，像藕一样，用热的刀子任意裁成长或短的条段，外面裹炒米花，也可以掺些熟芝麻、薄荷叶。

糖缠①制

糖缠

凡白砂糖一斤，入铜铁铫②中，加水少许，置炼火上溶化，投以果物和匀，速宜离火，俟其糖性少凝，则每颗碎析之纸间，火焙干。白砂糖，《本草》曰："石蜜。"

【译】将一斤白砂糖放入铜或铁铫中，加少许水，放在炭火上烧化，下入果仁调和匀后快速离火，等糖性略凝，将每颗分开后放在衬纸上，用火烤干。

宜入糖缠物

胡桃仁去皮。

榛仁去皮。

松子仁去皮。

瓜子仁微炒。

瓟子仁微炒。

乌橄榄仁去皮。

人面果③仁

杨梅核仁

莲心微炒。

---

① 糖缠：一种用糖和果仁作主要原料制成的食品。

② 铫（diào）：煮开水熬东西用的器具。

③ 人面果：亚热带木质常绿藤本植物，别名叫冷饭团，又名银莲果、长寿果。因聚合浆果呈球形或似糯米饭团，故称人面果或大冷饭团。

杏核仁水煮七过①，去苦皮尖，焙燥。

梧桐子去壳。

栗熟末。

莲末。

榧末。

橙利刃削橙外薄皮，暴燥。

香橼皮去白方切，煮渍去苦，暴燥。

芝麻炒。

大豆炒末。

紫苏生撷穗，造霜梅水中渍透，蒸，罂收，用子。

白豆蔻仁末。

缩砂仁末。

草果仁末。

细茶叶末。

薄荷叶末。

生姜粉。·

桂花末。

【译】（略）

---

① 过：遍，次。

蜜煎^①制

杨梅

择肥甘者，盐少许腌一宿，复以水洗，晴天日微曬^②，水尽，浇蜜暴之。有水泻去，复加蜜暴，至甜透入瓮。又，用蜜渍，蜜须先炼熟者。后多仿此。

【译】挑大个儿且甜的杨梅，用少许盐腌一夜，再用水洗过，晴天的时候在阳光下晒制，水分晒干了，浇上蜜再晒。如果有水就倒掉，再加蜜再晒，直至杨梅甜透后放入瓮中。另一种方法，将杨梅用蜜腌渍，蜜要先炼熟。后面大多仿照这种方法。

橙子、佛手柑

新摘带青黄橙子，以利刀削去外粗薄皮，周界为棱。每斤盐一两，同清水渍一宿，味酸再渍。去核及水，复加蜜日暴，甜透彻，入瓮。以蜜渍，削下皮，留为糖缠。有以橙去酸水及核，白酒中煮至无酸。晾^③干，以蜜煮甜，蜜渍之。

佛手柑无囊，不用水渍，同制。

凡煮，皆宜隔汤。凡有盐者，皆宜留久。用则渐以蜜煮。后多仿此。

---

① 蜜煎：今称之为"蜜饯"。

② 曬（zhú）：古通"烛"，照也，这里指晒之意。

③ 晾（làng）：晒。

【译】新摘来带青的黄橙子，用快刀削去外面的粗且薄的皮，周围切出棱。每一斤橙子用一两盐，同清水将橙子腌渍一夜，如果味道酸就再腌。橙子腌好后去掉核及水，再加入蜜在阳光下晒制，味道甜透后，放入瓮中收贮。用蜜腌渍橙子时要削去皮，留着做糖缠。还可以将橙子去掉酸水及核，放入白酒中煮至没有酸味。也可以将橙子晒干，用蜜煮至甜，再用蜜腌渍。

佛手柑没有囊，不用水泡，做法同前。

橙子或佛手柑在煮制的时候，都要隔水煮。凡是有盐的橙子或佛手柑，都可以长时间存放。吃橙子或佛手柑时可以用蜜慢慢煮制。后面大多仿照这种方法。

金桔、牛乳柑、金豆

闽粤有树皮煎。

金桔新摘不伤损者，每斤盐一两，水渍之，同时以刀界棱，复渍蜜煮。余如橙制，牛乳柑、金豆同。

【译】金橘取刚刚摘下且不伤皮的，每一斤金橘用盐一两，用水浸泡，同时用刀切出棱，再泡蜜中煮制。往下的制法同橙子，牛乳柑、金豆的制法与此相同。

梅子

小满时摘青梅甚酢①者，调朴硝②汤，待冷渍之。欲原

① 酢（cù）：同"醋"，这里指味道酸。

② 朴硝：含有食盐、硝酸钾和其他杂质的硫酸钠，是海水或盐湖水熬过之后沉淀出来的结晶体。可用来硝皮革，医药上用作泻药或利尿药。通称皮硝。

青加铜青^①同渍。视梅性柔翠，周界以棱，剔去其核，水洗洁，曝至水竭，置蜜中煮甜。又，日暴透，以蜜渍。或以醋渍，止宜一昼夜。凡梅十斤，用铜青三钱。

【译】小满节气的时候摘取非常酸的青梅，调制朴硝水，等水凉后浸泡青梅。如果想保留青梅原有的青色加些铜锈一同浸泡。等青梅柔软、翠绿时，用刀在周围切出棱，剔去核，用水洗干净，晒至没有了水分，放在蜜中煮至甜。另一种方法，将青梅在阳光下晒至干透，用蜜腌渍即可。或者用醋来腌渍干的青梅，只适合腌一昼夜。

李子

南粤蜜煎李多查。

摘青脆者，以朴硝冷汤渍，无酸涩。微焯之，界小棱，去核，水洗，曝干，蜜煮甜。又，日暴透蜜渍。

【译】摘取青脆的李子，用凉的朴硝水浸泡，泡至没有酸、涩味。再将李子微煮过，划出小棱，去掉核，用水洗过，晒干，再用蜜煮至甜。另一种方法，将青梅在阳光下晒干后用蜜腌渍。

林檎^②、频婆

林檎摘带青者，利刃劙去外皮，周界为棱，盐水渍柔，

---

① 铜青：铜锈；铜绿。

② 林檎：花红，也称沙果。

水洗，曝干，蜜中煮甜。又，日暴透，以蜜渍。频婆^①同作，四分之。

【译】摘带青的沙果，用快刀削去外皮，周围切成棱，用盐水泡柔软，水洗净，晒干，在蜜中煮至甜。另一种做法，将沙果在阳光下晒透，再用蜜腌渍。苹婆做法与此相同，每个苹婆要切成四块。

枣子

摘鲜带坚实肉厚者，同林檎制。

【译】（略）

枇杷

摘黄者，每斤盐一两、矾六钱，同水渍之。同时易水洗，去皮、核，蜜煮甜，日暴透，以蜜渍。

【译】摘取黄色的枇杷，每一斤枇杷用一两盐、六钱矾，加入水中浸泡枇杷，同时再换水洗净，去掉皮、核，用蜜煮至甜，在阳光下晒透，用蜜腌渍。

樱桃

苏东坡之《老饕赋》云："烂樱珠之煎蜜。"

摘半熟者，盐水渍一宿，每斤计盐一两。水洗，眼干，抵去核，易以响糖小颗、蜜煮，日暴透彻渍之。

【译】摘取半熟的樱桃，用盐水腌渍一夜，每一斤樱桃

---

① 频婆：也作苹婆、频螺、频罗婆、避逻、凤眼果、频婆果、七姐果、富贵子等。为梧桐科植物频婆的种子，果似豆荚、可食，果壳入药。这里似应为苹果。

用一两盐。再将樱桃用水洗净，晾干，去掉核，再换成小颗响糖、蜜煮制，煮好后在阳光下晒透后用蜜腌渍。

木瓜、羊桃

木瓜摘稚嫩者，铜刀劖去皮，方切片，或刻菊艾叶状。以石灰泡汤，俟冷取绝清者，渍去酸涩味，作沸汤，微煇。曝干，蜜煮甜，日暴透，又蜜渍之。羊桃同制。

【译】摘取小而嫩的木瓜，用铜刀削去皮，再切成片，或者刻成菊艾叶的形状。用石灰泡水，凉后取非常清澈的，用来泡去木瓜的酸涩味，烧开水，将木瓜微煮。将煮后的木瓜晾干，再用蜜煮至甜，在阳光下晒透，再用蜜浸泡。羊桃的做法与此相同。

橄榄、梧桐子

用粗瓷中揉擦去皮，铜刀界之为棱，同淅米水入瓷器煮，味不苦涩。脱核眼干，蜜中煮甜透，日暴，以蜜渍。

梧桐子剪去壳，惟以蜜煮透，渍。

【译】将橄榄放入粗瓷中搓摩去皮，用铜刀切成棱，同淘米水一并下入瓷器中煮制，煮至橄榄没有苦涩即可。将橄榄去核后晾干，放入蜜中煮至甜，取出在阳光下晒干，再用蜜浸泡。

将梧桐子剪去壳，只用蜜煮透，再用蜜浸泡。

藕

削去皮，方切片，少盐腌顷之。作沸汤，微焯，晾干。以蜜煮甜，日暴透，又蜜渍。

【译】将藕削去皮，再切成片，用少许盐腌一会儿。烧开水，将藕片微煮，晾干。用蜜将藕干煮至甜，在阳光下晒透，再用蜜浸泡。

竹笋诚斋[1]诗曰："稚子玉肤新脱锦。"芦笋

竹笋去箨、尖、杪[2]，切条段，同藕制。

芦笋去苞[3]，同。

【译】（略）

茭白

去苞，取尖、杪，同藕制。

【译】（略）

蒲蒻

又曰"蒲白"。

去外苞，寸切条段，同藕制。

【译】（略）

---

[1] 诚斋：杨万里，字廷秀，号诚斋，自号诚斋野客。吉州吉水（今江西吉水黄桥镇湴塘村）人。南宋文学家、官员，与陆游、尤袤、范成大并称为南宋"中兴四大诗人"。

[2] 杪（miǎo）：一般指树枝的细梢。

[3] 苞（bāo）：指芦笋的外皮。

姜秦太虚诗云："先社姜芽肥胜肉。"**地姜**[①]

姜稚芽方切片，或刻菊艾叶状，或细丝，盐腌一宿。水洗，作沸汤少焊，眼干，以蜜煮。又，日暴透彻，蜜渍之。

地姜去根、须，段切，同。

【译】将嫩姜芽切片，或者刻成菊艾叶状，或者切成细丝，用盐腌一夜。再将腌好的姜芽用水洗干净，用开水略煮，晾干，用蜜煮至甜。另一种方法，在阳光下晒至干透，用蜜浸泡。

将地姜去掉根、须，切成段，往下做法与前面相同。

桑椹

音甚。

取紫熟者，去蒂，同姜制。《本草》云："采椹和蜜含之，令人聪明，安魂镇神。"

【译】（略）

茄

摘其稚小者，界其蒂四道，去中骨，释米，界其身为细棱，去子肉[②]，做沸汤焊，眼干，以蒂倒结束之。蜜煮，日暴透，又以蜜渍。

【译】摘取小而嫩的茄子，将蒂划开四道，去掉中间茄骨，淘米，在茄子上切成棱，去掉籽、肉，用开水煮制，晾

① 地姜：也称姜味草、地生姜。

② 去子肉：去掉茄子籽、肉。似只吃茄皮。

干，茄蒂向下扎紧。用蜜煮，在阳光下晒透，再用蜜浸泡。

冬瓜

蒯去外皮及瓤，方切坚肉为片。石灰煎汤，取清冷者渍一宿，作沸汤微焯，曝干，蜜煮，暴，复渍之。

【译】将冬瓜削去外皮、去掉瓤，再将冬瓜肉切成片。用石灰煮水，取清澈的凉石灰水将冬瓜片浸泡一夜，烧开水将冬瓜略煮，晒干，再用蜜煮，再晒，再用蜜浸泡。

蘘荷①

同冬瓜制。

【译】（略）

天茄

稚嫩者，刳②去子。同冬瓜制。

【译】（略）

刀豆

稚嫩者，横切为片，同冬瓜制。

【译】（略）

豇豆

稚嫩者，寸切条，同冬瓜制。

【译】（略）

---

① 蘘（ráng）荷：也称阳藿，多年生草本植物。花穗和嫩芽可供食用。

② 刳（kū）：剖开后再挖空。

地黄

取生嫩者，每一斤用霜梅二斤、甘草四两，同水煮去药气。以蜜煮甜透，日暴，又蜜渍之。

【译】取生嫩的地黄，每一斤地黄用两斤霜梅、四两甘草，同水一并煮去地黄的药气。再用蜜将地黄煮至甜透，在阳光下晒干，再用蜜浸泡。

商陆

《本草》云："桦柳根。"

取根方切片，同冬瓜制。

【译】（略）

木通

嫩者去皮，同冬瓜制。

【译】（略）

天门冬

冬月取之，水煮，去皮心，眼干。蜜煮甜透，色明，日暴，复以蜜渍。

【译】冬季时取天门冬，用水煮过，去掉皮、心，晾干。再用蜜将天门冬煮至甜透，颜色明亮，在阳光下晒干，再用蜜浸泡。

天麻

《本草》云："苗名赤箭。"

取稚嫩色白者，水渍去皮，方切片，曙干，蜜煮甜，暴透，又蜜渍之。《图经》曰：山人取生者，蜜煎作果，食之甚珍。

【译】取小的且嫩白的天麻，用水泡去皮，切成片，晒干，用蜜煮至甜，晒干，再用蜜浸泡。

菖蒲

采嫩根无丝筋者，去皮，切绝细缕，以造霜梅水渍透，洗眼。以蜜煮甜，更日暴，又以蜜渍。

【译】采来嫩且根无筋的菖蒲，去掉皮，切成极细丝，用造霜梅水泡透，清洗后晾干。再将菖蒲用蜜煮至甜，再在阳光下晒干，再用蜜浸泡。

蜜枣酥

用梅酥同白砂糖捣，味酸甜适宜。撷新紫苏叶，汤泡柔，入梅酥，为小折包，取细篾贯之，蜜中煎，日暴透，复蜜渍。有用杨梅干肉，再加川椒少许。

【译】将梅酥同白砂糖捣烂，味道酸甜适度即可。摘取新鲜的紫苏叶用热水泡柔，加入梅酥，折叠成小包，用细竹篾串好，在蜜中煮制，放在阳光下晒干，再用蜜浸泡。在吃杨梅干肉时，可以再加少许川椒。

蜜霜梅

用霜梅肉厚者，同甘草煮，味无酸，击去仁，曬干，蜜煮甜透，日暴，又渍之。取渍桂花，色常鲜明。

【译】取肉厚的霜梅，同甘草一并煮制，煮至没有酸味，去掉仁，晒干，用蜜再煮至甜透，在阳光下晒干，再用蜜浸泡。取用它浸泡的桂花，颜色非常鲜明。

凡蜜煎，日暴胜煮，干则常渍以蜜。频抹瓮口，不令其生白醭①。频日②见暴，不令有餥杜览切餥子敢切③，欲干收者煮之，日暴之，亦常润蜜，不宜枯竭之甚也。后凡物宜蜜煎者多仿此。餥餥，无味也。

【译】凡是蜜煎，要将果品在阳光下晒干后煮制，如果干常用蜜来浸泡。要经常擦拭瓮口，不要让其生出白醭。要连续多天晒制，不要让其无味，如果想干收，先蜜煮，再在阳光下晒干，要常用蜜来润湿，不要让其太干了。后面适合蜜煎的大多仿此来做。

闽广所产宜制者

荔枝、龙眼、余甘子④、人面果、乌榄、椰子、菠萝蜜、草果、豆蔻皮、缩砂仁、蒌藤叶槟榔南粤以蒟酱为扶留藤，取叶合槟榔食之，辛而香也，即蒌藤，蒟音矩。之类，

---

① 醭（bú）：醋、酱等因败坏而生的白霉。

② 频日：连续多天。

③ 餥（dàn）餥（zǎn）：无味。

④ 余甘子：大戟科叶下珠属植物，乔木。根系发达，可保持水土，可作庭园风景树；树根和叶供药用，能解热清毒，能治疗皮炎、湿疹、风湿痛等；叶晒干供枕芯用料；种子供制肥皂；树皮、叶、幼果可提制栲胶；木材棕红褐色，坚硬，供农具和家具用材，又为优良的薪炭柴。

常润蜜，遇晏温①即暴之。曰出清霁②为晏温。

【译】（略）

花香宜入膏者③

桂花、兰花、玫瑰花、蔷薇花、茉莉花、木香花之类，用花瓣心，捣糜烂，压去水，蜜和之，日暴之，加白砂糖复捣之，收入瓷器，常以日暴。

【译】桂花、兰花、玫瑰花、蔷薇花、茉莉花、木香花等，要取花瓣心，将其捣烂，压去水分，用蜜调和，在阳光下晒制，加入白砂糖再捣碎，收入瓷器中，要常在阳光下晒。

花无毒宜煎者

木笔花④、玉兰花、栀子花、棣棠花⑤、萱花、葵花、莺花、荷花、丝瓜花之类，如味苦涩，皆作沸汤先焯，眼干，复内造霜梅水中腌之，洗洁，眼干，蜜煮，日暴甜透，又以蜜渍。

【译】木笔花、玉兰花、栀子花、棣棠花、萱花、葵

---

① 晏温：天气暖和。

② 清霁：雨止雾散。谓天气晴朗。

③ 此处底本眉批：此皆无益于人之花，甘菊乃第一等服食之属，何饶遗之？

④ 木笔花：原名紫玉兰。有散风寒的功效，用于治鼻炎、降血压；紫玉兰又是一种名贵的香料和化工原料，亦是一种观赏绿化植物。

⑤ 棣棠花：别名除地棠、蜂棠花、黄度梅、金棣棠梅、黄榆梅，供观赏外，入药有消肿、止痛、止咳、助消化等作用。

花、莺花、荷花、丝瓜花等花，如果味道苦涩，都要烧开水略煮一下，晾干，再放入做好的霜梅水中腌渍，取出洗干净，晾干，再用蜜煮至甜，放在阳光下晒干，再用蜜浸泡。

糖剂制

右以糖、蜜共烧之者，今各有制。

衣梅

用赤砂糖一斤为率，釜中再熬，乘热和新薄荷叶丝八两、鲜姜丝四两，日中暴干，置日中捣和丸之。有脱杨梅肉杂于内。今加白豆蔻一两、白檀香二两、末片脑一钱，坋白砂糖为珍。糖再熬，后仿此。

【译】以一斤红砂糖为比例，放入釜中再熬，趁热和入八两新薄荷叶丝、四两鲜姜丝，在阳光下晒干，再放在阳光下捣和成丸。倘若有杨梅肉就掺入一些。今加一两白豆蔻、二两白檀香、一钱片脑末，撒些白砂糖更好。

天仙杨梅

二制。

鲜紫肥杨梅，加赤砂糖、鲜紫苏叶、鲜薄荷叶和一二日，去水。又入糖，日中暴，甜透。

用紫苏薄荷各四两、杨梅一斤、糖一斤瓮内幂之，记取①五方②日色移暴干杨梅，甘草汤煮。淡以糖渍。

【译】取新鲜、紫色、个儿大的杨梅，加入红砂糖、鲜紫苏叶、鲜薄荷叶和匀腌渍一两天，去掉水。再加入糖，在

---

① 记取：记住。

② 五方：指东、西、南、北、中五个方位，五方土音。古代汉族的祭祀和命理学都与其有关。

阳光下晒干，杨梅干非常甜。

将四两紫苏、四两薄荷、一斤杨梅、一斤糖放入瓮内封口，随着阳光的移动，移动杨梅，将杨梅晒干，再以甘草汤煮。如果口味淡，就用糖浸泡。

糖椒梅

黄梅大者盐腌一日，捶核去仁，纳瓮中。凡梅一层，生花椒、生姜丝一层，叠入八分满以赤砂糖渍没之，以新椒叶覆掩之，竹箬幂瓮口，蒸一时，取，日暴，十日用。

【译】将大个儿的黄梅用盐腌一天，捶碎核并去掉仁，放入瓮中。每码放一层黄梅，再放一层生花椒、生姜丝，将瓮码放八分满时，撒入红砂糖将食材淹没，用新鲜的花椒叶覆盖，用竹箬封闭瓮口，蒸制一个时辰后将黄梅取出，在阳光下晒制，十天后就可以吃了。

糖紫苏梅

青梅盐腌柔，剖分四片，洗洁，眼干，细切鲜紫苏叶，同和赤砂糖中渍之，日中暴甜透。

【译】将青梅用盐腌至柔软，每个青梅切成四片，洗干净后晾干，将切碎的鲜紫苏叶一同和入红砂糖中腌渍，再在阳光下晒至味甜。

糖薄荷梅

小满时煎朴硝汤，俟冷，投青梅渍，味无酸。界为周棱，先眼干，取薄荷叶同赤砂糖渍之，有水泻去。又易以糖，甜透为度。

【译】在小满的时候用朴硝煮水，晾凉后下入青梅进行腌渍，直至没有酸味。将青梅切出棱，先晾干，再同薄荷叶用红砂糖腌渍，如有水便倒出去。再换红砂糖，直至青梅甜透为止。

糖卤梅

每青梅十斤、盐十两、赤砂糖五斤，和入罂中，油纸幂口，日曝，梅甜柔为度。酢复加糖。

【译】每十斤青梅用十两盐、五斤红砂糖，和匀后装入罂瓶中，用油纸封闭瓶口，放在阳光下晒制，制作青梅甜柔为止。如果口味还酸就再加糖。

糖李

用熟者微熯之，俟冷干，渍赤砂糖中，甜透用。

【译】（略）

糖橙、金桔、牛乳柑、干小桔 方言桔药

同蜜煎制，和赤砂糖煮甜。干小桔汤洗，淡糖渍。

【译】（略）

糖木瓜

同蜜煎制，用赤砂糖。

【译】（略）

糖冬瓜

同蜜煎制，用赤砂糖。

【译】（略）

糖竹笋

同蜜煎制，用赤砂糖。

【译】（略）

糖天茄

同蜜煎制，用赤砂糖。

【译】（略）

糖蘘荷

同蜜煎制，用赤砂糖。

【译】（略）

糖姜

同蜜煎制，用赤砂糖。

【译】（略）

糖豇豆

同蜜煎制，用赤砂糖。

【译】（略）

糖莱菔①、茄

用白莱菔大切片，盐微腌，水洗，日曝干，同赤砂糖渍，日暴甜透。

茄用渐米水渍，沸汤微焯，俟冷，以赤砂糖渍，暴之。

【译】将大的白萝卜切成片，用盐微腌，水洗净，在阳

---

① 莱菔：萝卜。

光下晒干，用红砂糖腌渍，再在阳光下晒至甜透。

　　将茄子用淘米水浸泡，用开水微煮，晾凉，再用红砂糖腌渍，再晒干。

汤水制

◎ 春月宜用，四时皆宜 ◎

水芝汤

昔仙人务光子服此汤，以致飞升去。

莲䕅带黑皮及薏炒燥，通捣为细末一斤、粉甘草锉碎微炒，捣为末一两，右俱罗细，每服二钱，盐少许，沸汤点服。

【译】将一斤莲子和薏仁末、一两微炒的粉甘草末用筛细筛，每服两钱，加少许盐，用开水点服。

不老汤

乌梅去仁焙燥十斤、甘草炒一斤、紫苏叶暴燥一斤、盐炒一斤、面炒黄色一斤，用前二味别研，后三味匀和再研为细末，贮瓷器，沸汤点服。

【译】取十斤去仁烤干的乌梅、一斤炒甘草、一斤晒干的紫苏叶、一斤炒盐、一斤炒黄的面，用前两味单独研磨碎，和入后三味调匀后再研成细末，收贮在瓷器中，用开水点服。

◎ 夏月宜用，早秋亦宜 ◎

香薷汤

香薷一斤、厚朴姜制八两、白茯苓去皮五两、甘草四两、白扁豆炒八两，右锉碎，每用五钱，作沸汤泡。夏宜冷、秋宜稍热服。

【译】取一斤香薷、八两厚朴（用姜制好）、五两去皮的白茯苓、四两甘草、八两炒过的白扁豆，以上原料均锉碎，每取五钱，用开水浸泡。夏季适合喝凉的，秋季适合喝稍热的。

姜汤

生姜碎切作沸汤泡，去姜，加白砂糖或蜜，冷饮。

【译】将生姜切碎后用开水浸泡，去掉姜，汤汁中加入白砂糖或蜜，凉后喝。

米汤

白米粳者炒熟作沸汤泡，去米，加白砂糖或蜜调饮。

【译】将白粳米炒熟后用开水浸泡，去掉米，汤汁中加入白砂糖或蜜调匀后喝。

麦汤

大麦炒熟，磨籺①下没切去糠作沸汤泡，滤其清，饮。

【译】将大麦炒熟，磨成粗屑去掉糠用开水浸泡，过滤

---

① 籺（hé）：麦糠里的粗屑，多用以指粗食。

澄清后喝。

梅酥汤

梅酥再研，作沸汤，调加蜜，酸甜得宜，饮。

【译】（略）

天香汤

桂花半含者摘下，择去蒂，取河水同炒盐少许，溲入小罐，上以霜梅二三颗，碎击，掩之箬幂固。用以数朵置蜜汤中。

【译】摘取半开的桂花，去掉蒂，取河水同少许炒盐，一并装入小罐，上面放两三颗霜梅，霜梅要敲碎，用箬叶遮盖严实。饮用时取几朵桂花放在蜜汤中即可。

春元汤

梅花未放时，熔蜡点其瓣，候气足摘下，如天香制。用取二三朵置蜜汤中，尽放。

【译】在梅花还未绽放时，熔化蜡点在花瓣上，等到气足时摘下，再按照天香汤的制法制汤。饮用时取两三朵梅花放在蜜汤中，梅花会全部绽放。

凤髓汤

松仁去皮研糜烂，入汤中滤清，蜜调。

【译】（略）

无尘汤

水晶糖霜①二两、片脑二分，右将糖霜乳②绝细，入片脑研匀。每一钱沸汤点服，须当前烹点，久则香散。

【译】取二两冰糖、两分片脑，将糖霜在钵中研碎，加入片脑研磨匀。每取一钱用开水点服，要当客人面烹点，时间长了香气就散了。

香糖渴水③

白砂糖一斤、水一盏斗、藿香叶半钱、甘松一块、生姜十大片，同煎，以熟为度。滤洁，入麝香如绿豆一块、白檀香末半两，瓷器盛，冰水中沉用之。

【译】取白砂糖、水、藿香叶、甘松、生姜，一同煮制，煮熟为止。将煮熟的原料过滤干净，加入麝香、白檀香末，盛入瓷器中，沉入冰水，冰凉后饮用。

林檎渴水

林檎微生者捣碎，入竹器中，以沸汤冲淋其汁，至滓无味为节，用文武火熬，常搅，勿令焦，滴入水不散，然后加脑麝④、檀香末少许，调饮。

【译】将微生的沙果捣碎，放入竹器中，用开水冲淋成

---

① 水晶糖霜：冰糖。

② 乳：此处作动词用，意为在钵中研碎。

③ 渴水：元代称作"摄里白"，又称作"舍儿别"，是指以集中形式和用匙子吃或用水混合创造的饮料。

④ 脑麝：龙脑与麝香的并称。

汁，直至渣滓无味为止，将汁用文武火熬制，经常搅动，不要让其焦煳，熬至滴入水而不散时，加入少许龙脑、麝香、檀香末少许，调匀后饮用。

葡萄渴水

《饮膳正要》有："樱桃取汁熬之。"

生葡萄研碎，滤去滓，慢火熬浓稠为度，贮瓷器中，切勿犯铁器。太熟者不可用，加脑麝少许，入炼蜜点饮。

【译】将生葡萄研碎，过滤去滓，用慢火熬至浓稠为止，收贮在瓷器中，一定不要沾到铁器。葡萄熟太过了就不可以用，取用时加入少许龙脑、麝香，加入炼蜜后饮用。

杨梅渴水

《饮膳正要》有"安石榴子取浆熬之。"

杨梅揉搦，取自然汁，滤滓须尽，入砂石器内，慢火熬浓，滴入水不散为度。若熬不到，即生白醭。瓷器贮之，加蜜、脑麝少许，沸汤调饮，冷则不涩。

【译】用手揉捏杨梅，取自然汁，要将渣滓过滤干净，放入砂石器内，用慢火熬至浓稠，熬至滴入水不散为止。如果熬不到火候，会生白醭。将熬好的杨梅放入瓷器内收贮，吃的时候加入少许蜜、龙脑、麝香，用开水调匀后饮用，晾凉喝不会涩。

木瓜渴水

木瓜铜刀去瓤核，洁肉一斤为率，切为方寸大薄片，用蜜先熬。次入木瓜，再慢火同熬二三时掠去上沫，尝味酸甜得宜，滤洁，先挑于瓷碟内，冷，试稠硬不断为度，沸汤调饮。

【译】将木瓜用铜刀去掉瓤、核，取一斤净木瓜肉为比例，切成一寸见方的大薄片，先将蜜熬过。再入木瓜，再慢火与蜜同熬两三个时辰后掠去浮沫，尝尝味道酸甜适度，过滤干净，就先将木瓜挑于瓷碟内，晾凉，木瓜膏挑起拉丝不断为软硬适度，用开水调和后饮用。

五味渴水

北五味子肉一两，作沸汤渍一宿，取汁别煮，下浓黑豆汁对，当颜色恰好，用炼熟蜜对入，酸甜皆宜，慢火同熬一时许，凉热任意调用。

【译】将一两北五味子肉，用开水浸泡一夜，再取汁另煮，兑入浓黑豆汁，使汤色适度，兑入炼过的熟蜜，口味酸甜适度，用慢火一同熬制两小时左右，凉饮、热饮任意调和。

沈香①熟水

沈香一小片，先用洁瓦一方，火燃微红，置于平处，加香在上，以瓶覆定。约香气尽，速注沸汤于瓶中，密封。《辍耕录》云："以沉香削小钉插于林檎中，汤泡之，尤佳。"

---

① 沈香：沉香。

【译】取一小片沉香，先用一方干净的瓦，用火烧至微红，放在平处，把沉香放在瓦上，用瓶盖住。大约香气烧尽的时候，快速往瓶中倒入开水，密封严实。

丁香熟水

丁香五粒、竹叶七片，作沸汤泡，密封片时用。

【译】（略）

豆蔻熟水

白豆蔻仁击碎，投沸汤瓶中密封片时用。每次用五七枚足矣，多则香浊。

【译】将白豆蔻仁敲碎，下入盛开水的瓶中密封不多时后饮用。每次饮用时取五七枚足够了，太多味道会香浊。

紫苏熟水

紫苏摘新叶阴干，用时隔纸火炙，作沸汤泡，密封，热饮。冷则伤人。

【译】摘取紫苏的新叶进行阴干，用时拿来隔纸用火烤制，再烧开水浸泡，密封，热着喝。如果凉着喝紫苏熟水会伤人。

◎ 秋月宜用 ◎

香橼汤

香橼去皮去囊白，取肉一斤，炒盐二两，甘草末一两，叠实于罐，收之。用时作沸汤调。有不入甘草，用以蜜糖。有取肉研滤浆，同蜜熬成煎。

【译】将香橼去皮去囊、白，取一斤香橼肉用二两炒盐、一两甘草末，将香橼在罐中层叠码放并按实，进行收贮。用时烧开水调和。有的不放甘草，用蜜、糖来调和。有的取香橼肉研磨后过滤出浆，与蜜熬成膏。

甘菊汤

黄菊花味甘者，去青苞。以霜梅去核。每梅藏一二朵于内，叠之。或入罐一层，加炒盐一层，每斤盐二两，叠实，同时入沸汤中加蜜。

【译】选取味道甜的黄菊花，去掉青的未绽开的。将霜梅去掉核。每个梅中放一两朵黄菊花，叠好。或者在罐里放一层黄菊花及梅，加一层炒盐，每斤黄菊花及梅用二两盐，叠实，同时加入开水和蜜。

◎ 冬月宜用 ◎

椒枣汤

北枣肥者，汤退去皮、去核。每一枚入花椒一粒，碎切，炒盐粒半许，收瓷器中，作沸汤泡。

【译】取个儿大的北枣，用热水浸泡去掉皮、核。每一枚北枣加一粒花椒，切碎，加入一粒半左右的炒盐，收贮在瓷器中，烧开水浸泡。

杏姜汤

夏蘭岩云：“一姜、二杏、三盐、四草。”

生姜一斤捣取汁、杏仁去皮尖二两、盐炒三两、甘草末四两，同捣，和入姜汁，瓷器收。旋作沸汤调，甚美风韵。

【译】取一斤生姜捣成汁、二两去掉皮和尖的杏仁、三两炒盐、四两甘草末，将以上料一同捣匀后加入姜汁，用瓷器收贮。临用时烧开水来调和，味道非常好。

卷

二

兽属制

牛

宜黄牛，角茧栗[①]者。

屠牛皆解剥其皮，用皮者以温汤瀹之去毛，其肉不可先行以水洗，洗则肉青。治胃脾析杂石灰揉洗白而去尽秽气。《礼》曰："脾析，注曰百叶也。"《酉阳杂俎》曰："治犊头去腼䐑近喉有骨如月。"

烹牛铁称锤燃红投水中，不过三次，水热易烂，不宜盖锅。每斤入朴硝少许于内，烹易糜烂。汁中入酱油、醋瀹之类。淡者宜蒜酱。

【译】宰杀牛时都要剥去牛皮，将皮用温水浸泡后去掉毛，牛肉不可以用水先洗，如洗肉会变青。处理胃脾时要掺入石灰并揉洗至白色而去掉臭气。

煮牛肉时，将铁称锤烧红投入水中，不要超过三次，水热肉易烂，不要盖锅盖。每斤肉内加入少许朴硝，容易煮至极烂。汤中加入适量酱油、醋来煮制。味道淡加些蒜酱。

---

① 茧（jiǎn）栗：初生的兽角，状如茧、栗。这里形容幼牛角小。

牛脩[1]

《礼》曰:"妇贽脯脩。"

《日抄》曰:"加姜桂曰脩。"

用肉轩之[2],每二三斤。咬咀[3]白藏、官桂、生姜、紫苏,水烹,甜酱调和。俟汁竭,架锅中,炙燥为度。宜醋。《内则》注曰:"大切曰轩。凡咬咀之物,入囊括之同烹。"后多仿此。

【译】将牛肉切成大片,每片两三斤。将白藏、官桂、生姜、紫苏切细,用水煮过,加入甜酱调和。等汤汁干了,将肉架在锅中,烤干为止。适合放些醋。

牛脯

《礼》注曰:"脯,干肉也。"

又曰:"蒭[4]腴[5]。"蒭,音刍。

用肉薄切为腺[6]。烹熟压干,油中煎。再以水烹,去油,漉出。以酒挼之,加地椒、花椒、莳萝、葱、盐,又投少盐中,炒香燥。《少仪》曰:"聂而切之为脍。"郑玄注曰:"聂之言腺也。"先藿叶切之,复报切之,则

---

① 脩(xiū):干肉。

② 轩(xiàn)之:切大片。轩,肉片大者曰轩。

③ 咬(fǔ)咀:咀嚼,牙齿研磨食物。这里是切细的意思。

④ 蒭(chú):用铡碎的料草喂养牛。

⑤ 腴(yú):腹下的肥肉。

⑥ 腺(zhé):切肉成薄片。

成脍。撒马儿罕有水晶盐，坚明如水晶，琢为盘，以水湿之，可和肉食。

【译】将牛肉切成薄片。煮熟后压干水分，在油中炸制。再用水煮制，去油，捞出。用酒揉搓，加入地椒、花椒、莳萝、葱、盐，再放入少盐中，炒干且有香味。

生爨^①牛

二制。

视横理^②薄切为脿，用酒、酱、花椒沃片时，投宽猛火汤中速起。凡和鲜笋、葱头之类，皆宜先烹之。

以肉入器，调椒、酱作沸汤，淋色改即用也。《礼》曰："薄切之，必绝其理。"

【译】根据牛肉横的纹理切成大的薄片，用酒、酱、花椒腌渍一会儿，投入大的、猛火烧的开水中快速捞起。凡是和入鲜笋、葱头等食材，都要先烹煮。

将牛肉装入容器，在开水中调入花椒、酱，淋在牛肉上颜色变了就可以食用了。

熟爨牛

切细胘，冷水中烹，以胡椒、花椒、酱、醋、葱调和。有轩之，和宜酸菹、芫荽。

【译】将牛肉切成细丝，在冷水中煮制，用胡椒、花

---

① 爨（cuàn）：这里是涮的意思。

② 横理：肉横的纹理。

椒、酱、醋、葱调和味道。有的将牛肉切成大片，和入酸
斋、香菜来吃。

盐煎牛

肥腯①者，薄破音披牒②。先用盐、酒、葱、花椒沃少
时。烧锅炽③，逐投内，速炒，色改即起。

【译】选取肥牛肉，切成大的薄片。先用盐、酒、葱、
花椒腌渍一会儿。用大火将锅烧热，逐一下入牛肉片，快速
翻炒，牛肉炒至变色即出锅。

油炒牛

三制。

用熟者，切大脔或脍，以盐、酒、花椒沃之，投油中炒
干香。

生者切脍，同制，加酱、生姜。惟宜热锅中，速炒起。

生脍沃盐、赤砂糖，投熬油，速起。

【译】将熟牛肉切成大块或丝，用盐、酒、花椒腌渍，
投入油锅中炒至干香。

将生牛肉切成丝，做法同前，加入些酱、生姜。牛肉丝
只适合在热锅中快速翻炒后起锅。

将生牛肉丝用盐、红砂糖腌渍，再投入热油锅中快速
炒起。

---

① 腯（tú）：肥壮。

② 薄破（pī）牒：切成薄片。破，剖切。

③ 炽：形容火旺。

牛饼子

即醢。二制。

用肥者碎切几[1]上，报斫[2]细为醢，和胡椒、花椒、酱，浥[3]白酒，成丸饼，沸汤中烹熟，浮先起，以胡椒、花椒、酱油、醋、葱调汁，浇瀹之。

酱油煎。

【译】将肥的牛肉放在几案上切碎，快速剁成肉酱，和入胡椒、花椒、酱，用白酒湿润，做成丸或饼，下入开水中煮熟，浮起来的先捞出，用胡椒、花椒、酱油、醋、葱调汁，浇上即可。

第二种方法，用酱油煮制。

火牛肉

轩之为二斤、三斤，计一斤炒盐二两，揉擦匀和，腌数日。石灰泡汤待冷，取清者洗洁，风戾之，悬烟突[4]间。

【译】将牛肉切成两斤或三斤的大片，一斤牛肉用二两炒盐，将牛肉揉擦均匀，腌渍数天。用石灰泡水并晾凉，取清亮的石灰水将腌好的牛肉洗干净，风干后悬挂在烟囱旁。

熏牛肉

皴为二三寸长阔薄轩，用酱揉融液，焚砻壳糠烟熏熟，

---

① 几：几案，小桌子。

② 报斫：急速斩剁。报，急；坏。

③ 浥（yì）：湿润。

④ 烟突：烟囱。

即齿齮齕^①之。熏物仿此。

【译】将牛肉切成长、宽两三寸的薄片，用酱揉出汁水，点燃砻壳、糠，用烟将牛肉熏熟，用牙啃着吃。熏制食品按此方法制作。

生牛腊

音昔。

《说文》曰："干肉曰腊。"《韵府》曰："腊粑^②也。"二制。

皴为二指阔薄朕，沃以香油、盐、花椒、葱，日暴之，用则蒸。

淡暴干，用则以水同酱油烹。

【译】将牛肉切成二指宽的大薄片，用香油、盐、花椒、葱腌渍，再在阳光下晒干，吃的时候上笼蒸制。

将味道不咸的牛肉晒干，吃的时候用水同酱油煮熟。

熟牛粑

二制。

用精者视理薄切为朕，和以盐、酒、花椒，布苴，压干。作沸汤微焯，日暴之。

用精者切为轩，以花椒、酱沃顷之。加酒、水、酱油、醋，宽烹至汁竭为度。俟冷或析为细缕。

---

① 齮（yǐ）齕（hé）：侧齿咬噬。

② 粑（bā）：干肉。

【译】用瘦的牛肉根据纹理切成大薄片，和入盐、酒、花椒，用布包裹，压干水分。烧开水将牛肉片微煮，在阳光下晒制。

将瘦牛肉切成大片，用花椒、酱腌渍一会儿。牛肉中加入酒、水、酱油、醋，锅中多放水将牛肉煮至汤汁没了为止。等牛肉凉后切成细丝。

乳饼

宜入烹茶。宜热白酒浇，加葱、花椒。宜油煎。或染调面，宜醋。宜为腐入羹。

【译】（略）

乳线

用温油炸①典沙切之。洒以蜜，或掺以白砂糖。

【译】（略）

抱螺

素酥、糖酥，有藏白砂糖者，有叠赤砂糖者。

【译】（略）

马

取肉冷水下，不盖锅，入酒烹。有同牛制。

【译】（略）

---

① 炸：烹饪方法之一，把食物放在较多的沸油里熬熟。

驴

唐李令问好珍馔，有炙驴。

羊

齐王肃曰："羊陆产之最。"

有绵羊、山羊。宜山羊。

刲[1]音亏羊扪[2]其口不使鸣，不发膻。胃中去秽，速以石灰杂乱穰内之，揉洗，遂脱秽尽而白。其肠同。用翻。其肥者在内脂易凝结，浴以热水。捋毛瀹汤，调温脱之易洁。血以盐水调凝，速入温水中慢烹熟。胸前有膻骨，刳时取去。

【译】宰羊时，按住羊的嘴不让它叫，羊肉不发膻。去掉羊胃中的脏东西时，要快速将石灰及麦秆等放入羊胃中，用手揉洗，会除去臭气将羊胃洗白。洗羊肠也同洗羊胃一样。要将羊肠翻开。肥的羊肠内的油脂容易凝结，洗的时候要用热水。去羊毛要烧水煮，调好温度，羊毛容易脱落且易处理干净。羊血要用盐水调和凝结后，快速放入温水中用慢火煮熟。羊的胸前有膻骨，剖开时要取去。

烹羊

取肉烹糜烂，去骨，趁热以布苴压实，冷而切之为糕，惟头最宜熟。肉宜烧葱白、酱，或花椒油，或汁中惟加酱油

---

① 刲（kuī）：割杀。

② 扪（mén）：按住。

瀹之。

【译】取羊肉煮至极烂，去掉骨，趁热用布包裹压实，凉后切成糕，只有羊头最容易熟。羊肉适合加入葱白、酱烧制，或花椒油，或在汤中只加酱油进行煮制。

爊①羊

二制。

肉烹糜烂轩之，先合爊料，同鲜紫苏叶水煎浓汁，加酱，调和入肉。

以爊料汁烹羊肩背，俟熟加酱，调和捞起，架锅中炙燥为度。

附，爊料：凡爊物用此佳，孩儿菊味次之。香白芷二两、藿香二两、官桂花二两、甘草五钱，咬咀之。

【译】将羊肉煮极烂后切大片，先和入爊料，同鲜紫苏叶水煮的浓汤，加入酱，调和后放入羊肉片。

用爊料汁煮制羊肩背，等煮熟后加入酱，调和后捞出，架在锅中烤干为止。

附，爊料：二两香白芷、二两藿香、二两官桂花、五钱甘草，切碎用。

生爨羊、腥爨羊

与牛同制。

【译】（略）

---

① 爊（āo）：把食物放在微火上煨熟。

熟爨羊

与牛同制。

【译】（略）

油炒羊

宜肥羜①。《诗》注曰："羜，未成羊也。"

用羊为轩。先取锅熬油，入肉，加酒、水烹之。以盐、蒜、葱、花椒调和。

【译】将羊肉切成大片。先起锅烧油，放入羊肉片，加酒、水烹煮。加入盐、蒜、葱、花椒调和口味。

酱炙羊

《诗》注曰："炕火曰炙。"

谓以物贯之而举于火上以炙之，今无此制，

惟封于锅也。炕，口盎切。

用肉为轩，研酱、米、缩砂仁、花椒屑、葱白、熟香油，揉和片时，架少水锅中，纸封锅盖，慢火炙熟。或熟者复炙之。《礼》曰："羊炙。"

【译】将羊肉切成大片，加入研磨的酱、米、缩砂仁、花椒屑、葱白、熟香油，将羊肉片揉和一会儿，架在有少量水的锅中，用纸封闭锅盖，用慢火将羊肉烤熟。或熟羊肉再复烤。

---

① 羜（zhù）：羔羊。

炕羊

二制。前制即《饮膳正要》曰"柳蒸羊"。

用土墼^①音击甃^②砌高直灶，下留方门。将坚薪炽火燔^③使通红，方置铁锅一口于底，实以湿土。刲^④肥稚全体羊，计二十斤者，去内脏，遍涂以盐^⑤，掺以地椒、花椒、莳萝，坋葱屑。取小铁，挛束其腹，以铁枢笼其口，以铁钩贯其脊，倒悬灶中，乘铁梁间，覆以大锅，通调水泥墐^⑥封一宿。俟熟，或以燐料实于肠，周缠其体炕之。有常开下方门，时以炼火续入，复闭塞。

以两锅相合，架羊于中，密涂其口，炕熟。制尤简而便也。

【译】用土坯砌高且直的灶，下面留有方形门。取硬实的柴火点燃烧旺火将灶内烧至通红，再放一口铁锅在灶的底部，取湿土按实。将杀好的肥稚的全羊，约二十斤重，去掉内脏，全身用盐（最多只用一斤）涂抹，掺入地椒、花椒、莳萝，拌入葱末。取小铁具束住羊肚，用铁枢罩住羊嘴，用铁钩贯钩住羊脊，将羊倒挂在灶中，骑在铁梁间，盖上大

---

① 墼（jī）：未烧的砖坯。

② 甃（zhòu）：用砖砌（井、池子等）。

③ 燔（fán）：焚烧。

④ 刲（kuī）：宰杀。

⑤ 似脱"止于一斤"。

⑥ 墐（jìn）：用泥涂塞。

锅，用湿泥封闭一夜，等羊烤熟。可以将爐料在羊肠装实，缠在羊的身体上进行烤制。有的经常打开下面的方形门，不断地填入炭火，再将灶门封严实。

用两个铁锅相合，将羊架在里面，将锅口用泥封严实，将羊烤熟。做法非常简捷方便。

火羊肉

用肩肘胇柳切，每斤炒盐一两，揉擦深透，叠器中三五日，取石灰泡汤俟冷，洗洁，置于寒风中戾之，悬近烟突间。

【译】选取羊肩肘肉，每一斤肉用一两炒盐，用盐揉擦羊肉入味，放在容器中三五天，取石灰泡水凉后，将羊肉洗干净，并放在寒风中风干，再挂在挨着烟囱的地方。

猪

宜豶①猪。豶，音渍。

杀猪瀹汤不宜太热，捋毛易脱，其肤洁。眼下有息肉去之，其肠胃用醋、盐揉，无秽气。肉之佳者用短肋。《礼》曰："豚拍。"《注》曰："胁也。"今用其脊膂②《礼》曰："脢③。"《注》曰："夹脊肉也。"脢，音梅。亦佳。血同羊。

【译】杀猪时烧水不宜太热，容易将猪皮毛拔干净。猪

---

① 豶（fén）：阉割过的猪。

② 脊膂（lǚ）：脊骨。

③ 脢（méi）：夹脊肉，为猪肉之精嫩者。

的眼下有息肉要去掉，猪的肠、胃要用醋、盐揉搓，这样能去除臭气。猪肉最好的是肋条肉。今用的猪夹脊肉也很好。猪血的做法同羊血。

烹猪

宜首宜蹄，烹糜烂，去骨，以布苴压糕。冷宜酱、盐，热肉宜花椒油、花椒盐、蒜醋、蒜水。凡烹时，其汁中冬月加盐少许及白酒，夏月别加白矾少许，须曰挹去其油并滓，而用其清，再续以水，是谓原汁，愈久愈美，烹肉益佳。苏东坡云："净洗铛，少著水。柴头罨烟焰不起，待他自熟莫催他，火候足时他自美。"

【译】适合用猪头也适合用猪蹄，先烹煮至极烂，去掉骨，用布包裹压成糕。凉吃加酱、盐，热吃要加花椒油、花椒盐、蒜醋、蒜水。凡在烹煮时，在汤汁中冬天要加少许盐和白酒，夏月另加少许白矾，一定要舀去浮油去掉渣滓，取清汤用，再续些水，成为原汁，存放的时间越长越好，用来煮肉非常好。

蒸猪

取肉方为轩，银、锡、砂锣中置之，水和白酒蒸至稍熟，加花椒酱复蒸糜烂，以汁瀹①之。有水锅中慢烹，复半起其汁，渐下养糜烂；又俯仰交翻②之。

---

① 瀹：这里是浸泡的意思。

② 俯仰交翻：似应是煮时将肉皮朝上或朝下要翻动几次。

【译】将猪肉方切成大片，放在银、锡、砂锣中，加水和白酒蒸至稍熟，加入花椒酱再蒸至极烂，用肉汤浸泡。将肉放入水锅中用慢火煮制，煮至一半捞出汁，分次渐渐将汁再入，将肉养至熟烂；煮肉时要将肉皮朝上或朝下翻动几次。

盐酒烧猪

取肥嫩蹄每一二斤，以白酒、盐、花椒和浥顷之，架少水锅中，纸封固，慢炀火①俟熟。

【译】取每个重一两斤肥嫩猪蹄，用白酒、盐、花椒拌湿和匀腌渍一会儿，架在有少量水的锅中，用纸封闭锅口，用旺火将猪蹄烧熟。

盐酒烹猪

烹稍熟，乘热以白酒、盐、葱、花椒遍擦，架锅中，锅中少沃以熟油蒸香。又，少沃以酒，微蒸取之。

【译】将猪肉煮微熟，趁热用白酒、盐、葱、花椒擦匀，架在锅中，锅中少浇上熟油将肉蒸香。另一种做法，可以浇上少许酒，将肉微蒸后取用。

燎猪

用首，同羊。

【译】（略）

---

① 炀火：旺火。

盐煎猪

先烹肉熟而切之，亦宜。

用肉方破牒，入锅炒色改，少加以水烹熟。汁多则勺起，渐沃之。后凡有不宜汁宽者，多仿此。同花椒、盐调和。和物，俟熟。宜芋魁劀去皮，先芼熟①、白莱菔击碎，芼熟去水、茄芼熟去水，干再芼柔、山药刮去皮，先芼熟、荞头、丝瓜稑者，劀去皮，芼、瓠劀去犀，芼、胡萝卜、甘露子、粳糯米粉熟范为茧。

【译】将肉方切成薄片，下入锅中炒至变色，加少许水将肉片煮熟。如果汤汁多就用勺舀起，慢慢浇在肉上。加入花椒、盐调和味道。和入其他食材，煮熟即可。适合加入芋头、白萝卜、茄、山药、荞头、丝瓜、瓠、胡萝卜、甘露子、粳糯米粉。

酱煎猪

先烹肉熟而切之，亦宜。

同盐煎。惟用酱油炒黄色，加花椒、葱，和物宜合面筋、树鸡②。洗去沙即木耳。韩退之答邓道士寄树鸡诗云："割取乘龙左耳来。"

【译】（略）

---

① 芼（mào）熟：用水焯熟。

② 树鸡：木耳的别名。

酱烹猪

二制。先烹肉熟而切之，亦宜。

同前制。甘草水烹，加酱、缩砂、花椒、葱调和。和物宜生蕈、蒟蒻①音若、芦笋去苞，肉熟入。杜工部诗云："春饭兼苞芦。"《注》曰："芦笋也。"蒲蒻生入即起、大口鱼洗，方切、对虾洗片破。

同生爨牛制。

【译】同前面的做法。将猪肉用甘草水烹熟，加入酱、缩砂、花椒、葱调和味道。适合和入的食材有生蕈、魔芋、芦笋、蒲蒻、大口鱼、对虾。

同生爨牛的做法。

酒烹猪②

如前制。宽以酒水，同甘草少许，烹熟，入盐、醋、花椒、葱调和。和物宜合生竹笋去箨，块切同肉烹、茭白去苞块切，俟肉熟即起。

【译】像前面的做法。锅中多放酒、水，加入少许甘草，将肉煮熟，加入盐、醋、花椒、葱调和味道。适合加入的食材有生竹笋、茭白。

---

① 蒟（jǔ）蒻：俗称魔芋。

② 此处底本眉批：可用。

酸烹猪

二制。

切脍如前制。水同甘草烹熟，以酱、醋、花椒、葱调和。和物宜新韭生入即起、新蒜白切丝生入即起、菜苔茎熟入、发豆芽少焯入、酸竹笋丝水洗入。

烹熟惟以盐、醋调和。

【译】将肉切成丝，做法同前面。用水同甘草将肉煮熟，加入酱、醋、花椒、葱调和味道。适合加入的食材有新韭、新蒜白、菜薹、发豆芽、酸竹笋丝。

将猪肉煮熟，只用盐、醋调和味道。

猪肉饼

三制。

用肉多肥少精，或同去壳生虾，或同生黑鳢、鳜鱼。鼓刀机上薄破牒，又报斫为细醢，和盐少许。有杂以藕屑，浥酒为丸、饼，非蒸则作沸汤烹熟，以胡椒、花椒、葱、酱油、醋与原汁调和浇瀹之。

取绿豆粉皮下藉上覆之，蒸用则块切。和物宜芝麻腐、豆腐、山药、生竹笋、蒸果、蒸蔬。

以酱油同香油煎熟，和物宜鲜菱肉去壳、藕块切、豇豆段切、鸡头茎段切。俱别用油、盐炒熟。

【译】取肥多瘦少的猪肉，或同去壳的生虾，或同生黑鳢鱼、鳜鱼。鼓刀机上将肉切成薄片，再剁成肉酱，和入少许盐。可以加些藕末，用酒湿润做成丸或饼，不要蒸要用开水煮熟，加入胡椒、花椒、葱、酱油、醋与原汤调和后浇在肉丸或饼上。

取绿豆粉皮在肉的下面衬底、上面覆盖，将肉蒸熟后切成块。适合加入的食材有芝麻酱、豆腐、山药、生竹笋、蒸果、蒸蔬。

用酱油同香油将肉煎熟，适合加入的食材有鲜菱肉、藕、豇豆、鸡头茎。这些食材都分别用油、盐炒熟。

油煎猪

二制。

用胁肋肉骨相兼者[①]，斧为脔相如赋曰："脔[②]剖轮碎。"脔，音脔。水烹加酒、盐、花椒、葱腌顷之，投热油中煎熟。

用精肉切为轩，沃以蜜，投热油中煎熟。虽暑月久留不败暑月掺以香菜亦宜，其类仿此。宜醋。

【译】将猪排骨用斧子砍成大块，用水煮，加入酒、盐、花椒、葱腌渍一会儿，放入热油中炸熟。

用瘦猪肉切成大片，浇上蜜，放入热油中炸熟。即使是夏天也能长久保存不会坏。吃的时候可以放些醋。

---

① 胁肋肉骨相兼者：带肉的排骨。

② 脔（luán）：切成小块小片的肉。

油烧猪

二制。

用脢之肯綮①者斧为轩。先熬油，投锅中烧熟，加酱、缩砂仁、花椒，炒燥。

用肉大切臠，泡香熟油、盐、花椒、葱，架锅中烧香熟。熟肉亦宜。宜醋。

【译】将猪筋骨结合处的夹脊肉切成大片，先锅中烧油，再将肉片投入锅中烧熟，加入酱、缩砂仁、花椒，将肉片炒干即可。

将猪肉切成大块，用熟油、盐、花椒、葱腌渍，架在锅中烧至散发出香味且熟。用熟肉也可以这样做。吃的时候可以加些醋。

酱烧猪

二制。

用熟肉大轩，乘热涂盐、酱，坋缩砂仁、花椒屑、葱白，架锅中烧香。

先熬油，取酱沃生肉一时，入锅中渐浇水，以俟熟。宜蒜、醋。

【译】将熟肉切成大片，趁热涂抹盐、酱，再将缩砂仁、花椒末、葱白拌匀，架在锅中烧香。

先起锅烧油，取酱浇在生肉上腌一个时辰，下入锅中慢

---

① 肯綮（qìng）：筋骨结合处。

慢浇水，等肉煮熟。可以放些蒜、醋吃。

清烧猪

二制。

用肥精肉轩之，盐揉。取生茄剖界棱，或瓠，布锅底。置肉，加葱、花椒，纸封，锅烧熟。

不用藉，常洒以酒，慢烧熟。宜蒜、醋。

【译】将肥瘦肉切成大片，用盐揉搓。取生茄切出棱，或者用瓠瓜，铺在锅底。放上肉，加入葱、花椒，用纸封闭锅，将肉烧熟。

不用衬垫，常洒些酒，慢慢将肉烧熟。可以放些蒜、醋吃。

蒜烧猪

用首，斧为轩，先熬油炒之，少以酒、水，渐浇烹糜烂。多加蒜囊，与盐调和即起。

【译】取猪头用斧砍为大片，先起锅烧油，再将猪头炒制，再加少许酒、水，慢慢浇在肉上，将肉煮至极烂。多加些大蒜，加盐调和味道后出锅。

藏蒸猪

二制。

用竹笋两节，间断为底盖，底深盖浅，藏肉醃料于底，裁竹针关其盖，蒸熟。

用肥茄，切下顶，剔去中瓤、子，同笋制。

【译】用竹笋两节，中间隔断做成底和盖，底深盖浅，将肉酱料藏于底部，削竹针栽在盖上，盖住底部，将肉蒸熟。

用大个儿的茄子，切下顶部，剔去中间的瓤、籽，同笋的做法。

藏煎猪

二制。

用茄削去外滑肤，片切之，内夹调和肉醢，染水调面，油煎。

用竹笋芼熟，击碎，同茄制。宜醋。

【译】将茄子削去外皮，切成片，里面夹调和好味道的肉馅，涂抹用水调的面糊，用油煎熟。

将竹笋用开水焯熟，切碎，同茄子的做法。可以加些醋吃。

火猪肉

即猪红。

冬至后杀猪，不宜吹气，乘热取其肩腿。每斤炒盐一两，先揉肤透，次揉肉透。平布器内，重石压四五日，复转压四五日。煎石灰汤，冷取清者，洗洁，悬寒劲风①中庋。通燥，焚砻谷糠烟高熏黄香，收置烟突间。有云涂以香油熏以竹枝烟，不生虫。

【译】冬至后杀猪，不要吹气，趁热取猪的肩腿。每斤

---

① 劲风：指介于微风和飓风之间的风。

肉用一两炒盐，先将猪皮揉透，再将猪肉揉透。将肉平铺在容器内，用重石压四五天，再翻过来压四五天。煮石灰水，晾凉后取清亮的石灰水，将猪肉洗干净，挂在寒冷的劲风中风干。猪肉干透后，用砻过的谷糠烟将猪肉熏至黄色且冒出香味，收起放在烟囱间。

风猪肉

视火猪肉制，腌压之，用醋洗。又同醋压渍四五日，悬风中庾燥，仍置通风所。以五月五日水洗，虽久不败。《墨娥小录》云："瘗灶灰中。"若三伏中，视前揉压三日，每斤加盐五钱，复揉压三日，石灰冷汤洗之，浥以香油，烈日暴燥，烟熏之，置通风所。

【译】根据火猪肉的做法，将猪肉腌渍后用石压，用醋洗。再用醋腌渍、石压四五天，挂在风中风干，仍旧放在通风的地方。在五月五日用水洗，虽然时间长但不会坏。如果在三伏天里，根据前面的方法揉、压三天，每斤肉加五钱盐，再揉、压三天，用凉的石灰水洗，用香油润一润，放在烈日下晒干，再用烟熏制，放在通风的地方。

冻猪肉

惟用蹄爪，捋洗甚洁。烹糜烂，去骨，取肤筋，复投清汁中，加甘草、花椒、盐、醋、桔皮丝调和。或以芼熟蕈、笋，或和以芼熟甜白莱菔，并汁冻之。

【译】只用猪蹄，毛拔净且洗干净。再将猪蹄煮至极烂，去掉骨，取皮和筋，再下入清汤中，加入甘草、花椒、盐、醋、橘皮丝调和味道。或者用焯熟的荸荠、笋，或者加入焯熟的甜的白萝卜，同汤汁一并做成冻。

和糁蒸猪

用肉小破牒，和粳米糁、缩砂仁、地椒、莳萝、花椒，坋盐，蒸。取干饭再炒为坋和之，尤佳。

【译】将猪肉切出小薄片，和入粳米碎粒、缩砂仁、地椒、莳萝、花椒，拌和盐，上笼蒸熟。取干饭炒后与肉拌和，味道非常好。

和粉蒸猪

用绿豆湛洁水渍，揉飏音样去皮，和水细磨，架以肉醢料，勺入油中煎熟。今日饼炙，惟以绿豆磨煎者入油酱炒。

【译】将绿豆用清澈干净的水浸泡，揉搓后扬去皮，和水研磨极碎，和入肉酱料中，用勺盛入油中煎熟。

盐猪靶

二制。

取猪肉片切轩，每斤盐六钱，花椒腌半日，压去水，香油渑之，蒸熟，烈日中暴燥。

生同制，用则蒸，宜醋。

【译】将猪肉切成大片，每斤肉用六钱盐，加入花椒腌制半天，压去水分，用香油润一润，将肉蒸熟，在烈日下晒干。

生猪肉的做法相同，用时蒸熟，可以放些醋吃。

糖猪靶

取肉，去肌骨，切二寸长、一寸阔、半寸厚窬。以赤砂糖少许、酱、地椒、茴萝、花椒和匀，微见天日即收。或阴干。先以香油熬熟，既入肉，不宜炀火，待少顷自熟。

【译】将猪肉去骨，切成两寸长、一寸宽、半寸厚的块。用少许红砂糖、酱、地椒、茴萝、花椒将肉块和匀，稍在阳光下晒一下便收起。或者阴干。先将香油熬熟，便下入肉，不要用大火，等一会儿肉块自然就熟了。

油爆猪

取熟肉，细切脍，投熟香中爆香。以少酱油、酒浇，加花椒、葱。宜和生竹笋丝、茭白丝，同爆之。

【译】取熟肉切成细丝，放入锅中爆至香熟。浇上少许酱油、酒，加入花椒、葱。适合加入生竹笋丝、茭白丝，一同爆炒。

火炙猪

二制。

用肉肥嫩者，薄切脒，每斤盐六钱，腌之，以花椒、茴萝、大茴香，和匀后微见日，置铁床中，于炼火上炙熟。

用肉薄切小脒，粘薄瓷碗中，以纸封之，覆置炼火上，烘熟。

【译】将肥嫩的猪肉切成薄片，每一斤肉用六钱盐，进行腌渍，加入花椒、莳萝、大茴香和匀后在阳光下略晒，随后放在铁床中，再在炭火上将肉烤熟。

将猪肉切成小薄片，粘在薄瓷碗中，用纸封闭，放在炭火上烤熟。

手烦猪

烦，释文曰捹也。

取肉水烹糜烂，去骨，和少汁，烦揉融液，加花椒、盐，俟凝，厚切用之。

【译】将猪肉用水煮至极烂，去掉骨，和入少许汤汁，用手搓揉使肉、汤融为一体，加入花椒、盐，等凝固后切成厚片吃。

生猪脍

取肥精相半肉，破绝薄小牒。取洁肤，切绝细脍和匀。每斤炒盐二钱，少腌。竹箬苴之，置木桶中，榨水去尽。连桶夏月顿凉所一二日，冬月顿暖所六七日，常榨之，不令有水。用和生蒜，速用，蒸。

【译】取肥、瘦各一半的猪肉，切成小薄片。取干净的猪皮，切成极细的丝一并和匀。每一斤肉用两钱炒盐，腌渍一会儿。将肉用竹箬叶包裹，放在木桶中，压榨出的水要全倒出去。夏天的时候，连桶一并放在阴凉的地方一两天，冬天的时候放在暖和的地方六七天，要经常压一压，不要让桶内有水。猪肉临用时和入生蒜，要马上用，蒸熟即可。

熟猪脍

熟猪肉切脍，和苦瓜薄切揉片、生瓜、鲜笋、茭白、莴苣、同蒿、熟竹笋、绿豆粉皮、鸭子薄饼，皆切细条，熟鲜虾去壳肉、荅韭白头俱宜。或五辛醋、芥辣浇。

附，五辛醋：葱白五茎，用花椒、胡椒共五十粒，生姜一小块，缩砂仁三颗，酱一匙，芝麻油少许，同捣糜烂，入醋少熬用。

【译】将熟猪肉切成丝，和入苦瓜、生瓜、鲜笋、茭白、莴苣、茼蒿、熟竹笋、绿豆粉皮、鸭子薄饼，这些原料都切成细条，加入熟鲜虾（去掉壳取肉）、新摘的韭菜（取茎）都很适合。可以浇上五辛醋或芥辣汁。

附，五辛醋：五棵葱白，花椒、胡椒共五十粒，一小块生姜，三颗缩砂仁，一匙酱，少许芝麻油，将这些原料一并捣至极烂，加入少许醋略熬即可。

熟猪肤

细切脍，同生瓜、黄瓜条，加蒜泥、盐、醋少许。

【译】将熟猪皮切成细丝，同生瓜、黄瓜条加入少许蒜泥、盐、醋拌匀即可。

猪豉

先用白芷、官桂、紫苏叶同水煎汁。次投以肥猪肉，去肌骨，方切小脔，烹熟。又次投以释大黄豆，烹熟，加酱、缩砂仁，坋调和，取起沥之，一日暴使燥，有用豆先炒熟，方下肉豉，仿此。

【译】先将白芷、官桂、紫苏叶同水煮汁。投入切成小块的、去掉肌骨的肥猪肉，将肉烹熟。再投入泡发的大黄豆，煮熟，加入酱、缩砂仁，调和均匀，捞起控干水分，晒制一天干了即可。有将黄豆先炒熟，再下肉豉，仿照此做法。

烧猪

同羊。猪惟四十斤，盐二斤。

【译】（略）

犬

烹犬

用犬击死，持洁，剖洗，同肝、肺水烹熟，宜葱、酱。

【译】将狗敲死，拔干净毛，剖开膛清洗干净，同肝、肺用水煮熟，适合加些葱、酱。

爁犬

用肉，同白酒、水、香白芷、良姜、官桂、甘草、盐、酱烹熟，复浥以香油，加花椒、缩砂仁，架锅中烧干香，肝甚美。《内则》曰：肝膋①，取狗肝幪之以其膋濡②炙之。

【译】取狗肉，同白酒、水、香白芷、良姜、官桂、甘

---

① 膋（liáo）：古书上指肠子上的脂肪。

② 濡（rú）：沾湿；沾上。

草、盐、酱煮熟，再加香油润一润，加入花椒、缩砂仁，架在锅中烧至干香，狗肝味道非常好。

煨犬

用肉烹糜烂，去骨，调鸡、鸭子、花椒、葱、酱，烦匀贮瓮中，泥涂其口，焚耆谷糠，火煨终一日夜，俟冷击瓮开取之。

【译】将狗肉煮至极烂，去掉骨，调入鸡、鸭子、花椒、葱、酱，调和均匀后收贮在瓮中，用泥涂抹并封闭瓮口，点燃耆过的谷糠，用火煨一昼夜，等凉后将瓮敲开把肉取出来。

腌犬

同猪火肉，每一斤，盐二两。

【译】（略）

鹿

鹿炙

用肉破二三寸，微薄轩，以地椒、花椒、莳萝、盐少腌，置铁床上，傅炼火中炙，再浥汁，再炙之，俟香透彻为度。

【译】将鹿肉切成两三寸见方的稍薄的片，用地椒、花椒、莳萝、盐腌制一会儿，放在铁床上，在炭火中烤制。再刷料汁，再烤，等到香味透彻为止。

鹿脯

三制。

取肉片切轩，以花椒、酱烦揉之，甑蒸熟，复入炼火焙燥。

切轩，用盐、川椒、地椒、莳萝、酒烦揉透，停一日，以油沃，日暴为脯。用烹。

同熟羊耙后一制。凡煮惟七八分熟，宜慢火。过煮则干燥无味，野兽仿此。

【译】将鹿肉片切成大片，加入花椒、酱多揉揉，放入甑中蒸熟，再放入炭火中烤干。

将鹿肉切成大片，用盐、川椒、地椒、莳萝、酒多揉至透，放一天，用油润一润，在阳光下晒成脯。临用时煮制。

与熟羊耙后一个做法相同。

火鹿肉

同牛。

余造皆仿羊制。

【译】（略）

兔

契丹北境有跳兔，《埤雅》曰："蹶①。"

炙兔

挦洁，少盐腌过，遍揉香熟油、花椒、葱，锅中纸封炙

① 蹶（jué）：古书上说的一种兽。

熟，少以醋浇热锅中，生焦烟，触黄香。宜蒜、醋。

【译】将兔毛拔干净，用少许盐腌过，用香熟油、花椒、葱将兔肉揉遍，放入锅中用纸封闭后烤熟，用少许醋浇在热锅中，冒出焦烟，触兔肉黄且香。适合加些蒜、醋吃。

腌兔

同猪火肉。

【译】（略）

油炒兔

同羊。

【译】（略）

盐煎兔

同猪。

【译】（略）

野马

有毒。《饮膳正要》云："其肉落地不沾沙。"

同马。

【译】（略）

犀牛、牦音毛。牛其尾可为旗旄。犏牛、爆步角切。牛即犎①牛，顶上有骨头大如覆斗，日行三百里，出海康。

山牛、野驴

同牛。

---

① 犎（fēng）：一种野牛，背上肉突起，像驼峰。

【译】（略）

麂

施州卫有红麂。

同兔炙腌，余同鹿。

【译】（略）

獐

一名麇，施州卫有花麇。

王者刑罚理则白麇至。麇，俱伦切。

鲜宜烹、炙、火，余同鹿炙。《埤雅》曰："角尤大。"

【译】（略）

黄羊

《饮膳正要》曰："种类数等。"

又曰："有白黄羊、黑尾黄羊。"

羱羊

鲜宜烹、炙、火，余同鹿、兔。杜子美诗曰："黄羊饫不膻。"

【译】（略）

野猪

鲜宜烹、火、脯，同鹿。

【译】（略）

豪猪

师古曰："豪猪一名帝獂①也。"

宜腌入土一宿，去腥。收近火。

【译】（略）

水獭

宜胡椒、川椒、葱白、酱烹。

【译】（略）

狼

白狼乃瑞兽。

同水獭。

【译】（略）

狐

同狼。

【译】（略）

玉面狸

狸种多，俱宜火。

银、锡、砂锣中，先铺白糯米，以花椒、葱、盐、酒沃狸身置于上，蒸熟，宜蜜。火宜溲小麦面苴之，蒸。

【译】将玉面狸肉放在银、锡、砂锣中，先铺上白糯米，狸放米上，将花椒、葱、盐、酒浇在狸身上，上笼蒸熟，适合加些蜜。烧时适合将狸用和匀的小麦面包裹，再蒸制。

----

① 獂（yuán）：一种野猪。

野猫

同兔。

【译】（略）

笋稚

即竹鼬①鼠。苏长公、少公皆有诗，宜火。

沃以花椒、葱、盐、酒，溲小麦面作厚饼苴之，置银、锡、砂锣中蒸。火宜烹。

【译】将笋稚浇上花椒、葱、盐、酒，将小麦面和匀后做成厚饼包裹笋稚，放在银、锡、砂锣中蒸熟。烧制后适合再煮。

黄鼠

一名塔剌不花，又名土拨鼠。

鲜同兔、玉面狸，宜酒醋，同葱、花椒、糟蒸。火宜溲小麦面苴之，蒸。

【译】新鲜的土拨鼠肉做法同兔、玉面狸，适合用酒醋腌渍，加入葱、花椒、糟后蒸熟。烧时适合将土拨鼠用和匀的小麦面包裹，再蒸制。

---

① 鼬（liú）：竹鼠，大如兔。

虎肉、豹肉、貒肉

俱宜火。郭璞云："貒①，一名貛。"

《图经》云："貒、貛、貉②相类。"貒，音湍。

鲜宜土中瘞一宿，盐腌一日，冷水烹，稍熟易水，加花椒、葱。夏烹之。

【译】将新鲜的肉应在土中埋一夜，用盐腌渍一天，再用冷水烹制，肉稍熟时换水，加入花椒、葱。夏天煮熟吃。

驼峰、驼蹄

杜子美诗云："紫驼之峰出翠釜。"

苏子瞻诗云："腊糟红糁寄驼蹄。"

鲜腌一宿，汤下一二沸，慢火养。肉宜火。野驼同。

【译】将新鲜的驼峰或驼蹄腌渍一夜，在开水中煮一两开，用慢火煨。肉适合烤。野驼的做法与此相同。

熊掌

《左传》曰："胹③熊蹯。"

《埤雅》云："熊冬蛰不食，饥则自舐其掌，

故其美在掌。"胹，音而。

用石灰汤挦洁，以帛苴而烹之，宜糟。其掌入烹猪、

---

① 貒（tuān）：猪貛。

② 貉（hé）：哺乳动物，外形像狐，穴居河谷、山边和田野间；杂食鱼、鼠、蛙、虾、蟹和野果、杂草等，皮很珍贵。

③ 胹（ér）：煮。

鹅汁中，转捞数回，絮羹①珍美。其肉宜火。其白《吕氏春秋》曰："肉之美者。"《埤雅》云："熊当心有白脂如玉，味甚美，俗呼熊白。"破小段焯微熟，同蜜食。

【译】将熊掌拔净毛用石灰水洗干净，用帛包裹好煮制，也适合糟制。熊掌下入煮猪或鹅的汤中，上下捞起几回，加盐、梅做羹味道更好。熊掌肉适合烤着吃。将熊白切成小段将毛拔干净后煮微熟，加蜜吃。

凡野兽各风土②产者，视所宜，同鹿以下制，兽属通用，并脏所宜。

【译】野兽在各地有产，根据所适合的做法做，同鹿以下的做法，与兽属通用，及内脏所适合的做法。

千里脯

诀曰：不问猪羊与太牢③，一斤切作十来条。一盏淡醋二盏酒，茴香花椒末分毫。白盐四钱同搅和，腌过一宿慢火熬。酒尽醋干方始晒，味甘休道孔闻韶④。

【译】（略）

---

① 絮羹：加盐、梅于羹中以调味。

② 风土：指一个地方特有的自然环境（土地、山川、气候、物产等）和风俗、习惯的总称。

③ 太牢：牛。

④ 孔闻韶：这里应为孔子在齐闻韶乐的典故。

香脯

用牛、猪肉微烹，冷切片轩，坆花椒、莳萝、地椒、大茴香、红曲、酱、熟油遍揉之，炼火上烘绝燥。

【译】将牛肉或猪肉微煮，凉后片切成大片，用花椒、莳萝、地椒、大茴香、红曲、酱、熟油拌匀后揉搓，放在炭火上烤至极干。

糟①

熟牛、羊、猪肉、牛腱渠言切，《楚辞》云："肥牛之腱臑若。干之，每生酒醅一斤，腊糟四两、熟油四两、盐三两，以绢蒙糟。

猪、羊头蹄同烂烹，去骨，于洁布内取意布苴，重石压经宿，糟之即如熊掌。

凡肉须臾②欲用，取糟苴之，蒸片时。

【译】将熟牛肉、羊肉、猪肉、牛腱制干，每一斤生酒醅用四两腊糟、四两熟油、三两盐，用绢蒙住进行糟制。

将猪或羊的头、蹄一同煮至烂熟，去掉骨，放在干净的布内用意布包裹，用重石压一夜，糟制的方法如同糟制熊掌。

凡是肉要在极短的时间食用，就用糟包裹后蒸制一会儿即可。

---

① 此处底本眉批：可用。

② 须臾：极短的时间；片刻。

燜①

同猪冻肉。不宜桔皮，猪熟者和宜鸡鸭卵，羊熟者宜芼菜。

【译】同猪冻肉的做法。不适合放橘皮，熟猪肉内适合加入鸡蛋、鸭蛋，熟羊肉类适合加入焯熟的菜。

暴腌

牛、羊、猪皆宜，每斤盐二两。

【译】（略）

生②

二制。

牛、羊、猪、鹿破甚薄䐶，或报切甚细脍，和以草果、蒜，酒浇。惟南粤人用多。蜀人③则微煋之。

【译】将牛或羊、猪、鹿肉切成非常薄的片，或者切成极细的丝，和入草果、蒜，浇上酒吃。只有广东人这样吃的多。蜀人将肉微煮一下再吃。

熟牛胃

即肚。

细切烹，胡椒、酱、醋调和。韩昌黎诗云："早菘细切

---

① 燜（měi）：熟；烂熟。

② 此处底本眉批：破切之破。

③ 蜀人：先秦时代部落名，也是汉族先民诸部之一。原居陕南汉中盆地及岷江上游。相传黄帝后代，蚕丛、柏灌、鱼凫代为蜀王，与夏商多交往，随周武王伐纣，封于蜀。

肥牛肚。"

【译】将牛肚切成细丝烹制，加入胡椒、酱、醋调和口味。

驴肠

漉汁煮熟，复沃香油，炙干。宜蒜、醋。

【译】将驴肠用滤后的汤汁煮熟，再浇上香油，烤干。适合加蒜、醋吃。

羊脯、肠、胃、肾、血

水烹熟、胡椒、甘草、酱、醋、葱调和。《汉书》谷永传曰：浊氏以卖胃脯而连骑[①]。晋灼曰：今太官常以十月作沸汤㷒羊胃，以末椒、姜坋满烦之，暴使燥是也。"肝，水烹熟，宜酱。水和蜜烹食能明目。

【译】（略）

猪肺、肚、肝、肠、肾、血

肺水煮熟，细切，宜入香油，少水，胡椒、酱和糁调和。

肺、肚水煮熟。肚以瓦器覆于锅底，或置于器上，烹皆易烂。宜甘草、花椒、葱、胡荽、盐、醋调和。

肚、大肠《礼》曰："胰水烹烂，用茶叶同烹不秽气。"宜花椒、盐。肚，生熟皆宜油、盐、花椒、葱、酒浇烹。

肚用肉醢料实之，缚两端，揉长烹烂，冷切。有热切。

---

① 连骑：这里指侍从的车骑前呼后拥。

片瓰，两合夹肉醢料，调绿豆粉封口，蒸。

大肠实肉醢料，缚两端，水烹。

熟大肠和牛肚细切，胡椒、酱、水烹。

熟大肠水烹，同酱烧猪前一制。或盐、酒渍之，烧。

熟大肠、血，宜酱、醋、胡椒、葱和汁，烹为羹。

白肠纶丝缚两端，用酒、醋、水烹烂，段切，入熬油中。后以肝片切微炒，花椒、葱、盐调和，酒浇之即起。

白肠用肉醢料实之，盐腌，暴燥，烹。

肝水烹，以花椒、盐、酒渍之，炙香。

肾外白䐈①之姜切膜内白筋皆脱之，《礼》曰："除去筋膜也。"薄瓰脿，水洗烦，血水尽，盐、酒渍，笊篱盛沸汤中，急焯炸，色微改白，合酱辣汁浇，芥辣浇，捣蒜和。

肾脱之块切，花椒盐渍，入热油中速炒，酱油、酒浇即起。

【译】将猪肺用水煮熟，切成丝，加入香油和少许水，再加入胡椒、酱、碎米粒和匀。

将猪肺、肚用水煮熟。加入甘草、花椒、葱、胡荽、盐、醋调和。

将猪肚、大肠加入花椒、盐。肚，不论生、熟，都可加入油、盐、花椒、葱，浇上酒煮熟。

将猪肚加入肉酱料按实，扎住两端，揉长并煮熟，凉后

---

① 䐈（zhǎn）：皮肉上的薄膜。

改刀。有趁热改刀的。也可以将猪肚片成大片，两片中夹入肉酱料，用绿豆粉封口，再蒸熟。

将猪大肠填入肉酱料按实，扎住两端，用水烹熟。

将熟猪大肠和牛肚切成丝，加入胡椒、酱、水煮熟。

将熟猪大肠用水煮后，再与"酱烧猪"的前一做法相同。或者加入盐、酒湿润后进行烧制。

将熟猪大肠、血，加入用酱、醋、胡椒、葱调和的汁，煮成羹。

将猪白肠用纶丝扎住两端，用酒、醋、水煮熟，切成段，下入热油中。再将猪肝片片后微炒，加入花椒、葱、盐调和，浇上酒后起锅。

将猪白肠填入肉酱料按实，用盐腌渍，晒干，煮熟。

将猪肝用水煮熟，加入花椒、盐、酒调匀，烤至香即可。

将猪肾的外白薄膜内的白筋去掉，切成薄片，用水洗干净，除去血水，加入盐、酒润一润，盛入笊篱并放开水中，快速焯一下，颜色稍变白，捞起浇上酱辣汁或浇芥辣汁，加入捣好的蒜泥调和匀即可。

将猪肾去净筋膜后切成块，用花椒盐润一润，下入热油中速炒，浇入酱油、酒后起锅。

鹿肺、肝、肠、胃、血

同羊。

【译】与羊做法相同。

禽属制

鹅

新生而栈者[1]肥良。

杀鹅先瀹冷水中，次入汤中，退毛易洁。血同羊。鸡、鸭多仿此。

【译】杀鹅后先放冷水中，再放热水中，容易将毛煺干净。鹅血的做法同羊血。鸡、鸭大多仿照此做法。

烹鹅

水煮作沸汤时，宜提动灌汤于腹，易熟烂。宜葱油齑，宜花椒油，宜用其汁，同胡椒、葱白、酱油调和瀹之。《内则》曰：弗食舒雁翠。注曰：尾肉也。《埤雅》曰：翠上肉高有穴者名脂瓶。

附，葱油齑：取油熬熟，入以长葱，调醋、酱、水、缩砂仁、花椒沸，勺入器中，器中先屑葱白，乃注入之。

【译】将水烧开后，要提着鹅将开水灌入鹅腹中，这样鹅肉容易熟。适合加入葱油齑或花椒油调味，也可用煮鹅的汤汁，加入胡椒、葱白、酱油调和后再煮制。

附，葱油齑的做法：将油熬熟，加入长葱，调醋、酱、水、缩砂仁、花椒煮开，用勺盛入容器中，容器中先放好葱白末，再灌入汤汁。

---

[1] 栈（zhàn）者：此处指用栅栏圈养的鹅。

油爆鹅

二制。

用熟肉切窗，以盐、酒烦揉。加花椒、葱，投少香油中，爆干香。

烦揉以赤砂糖、盐、花椒，投油中爆之。

【译】用熟鹅肉切成大块，用盐、酒多揉揉。再加入花椒、葱，下入少许香油中，爆炒至干香即可。

将熟鹅肉用赤砂糖、盐、花椒揉匀后，投入油中爆炒即可。

烧鹅

三制。即鹅炙。

用全体，遍挼盐、酒、缩砂仁、花椒、葱，架锅中烧之，稍熟，以香油渐浇，复浇黄香。

涂酱、葱、椒，烧油烧。

涂之以蜜烧。烹熟者同制，宜蒜、醋、盐、水。

【译】取全鹅，用盐、酒、缩砂仁、花椒、葱将鹅揉搓遍，架在锅中烧制，鹅稍熟，慢慢浇上香油，再浇香油至鹅皮黄味香。

将鹅用酱、葱、花椒涂抹，烧油进行烧制。

将鹅涂上蜜烧制。将鹅煮熟的方法相同，要加些蒜、醋、盐、水。

蒸鹅

二制。

用全体，以碗仰锅中蒸之，锅中入水半碗，纸封锅口，慢炀火，俟熟。宜五辛醋。

同蒸猪。

【译】取整鹅，将鹅放入碗仰在锅中蒸制，锅中入半碗水，用纸封锅口，用慢炀火，直到间隔蒸熟。吃时要加些五辛醋。

同蒸猪的方法。

盐炒鹅

用剖为轩，入锅炒肉色改白，同少酒、水烹熟，以盐、生蒜头、葱头、花椒调和。和物宜慈菰①茪熟，去衣顶，入、山药茪熟，入、水母②涤去矾，入、明脯③须先烹，入。

【译】将鹅肉切成大片，入锅炒至肉色变白，加入少许酒、水一同煮至熟，加入盐、生蒜头、葱头、花椒调和味道。可以加入的食材有茨菰、山药、海蜇、墨鱼须干。

油炒鹅

剖切为轩，先熬油入之，少酒、水烹熟，以盐、缩砂仁

---

① 慈菰：茨菰，别名为剪刀草、燕尾草、慈姑，是多年生草本植物，生在水田里，叶子像箭头，开白花。地下有球茎，黄白色或青白色，可以吃。以球茎作蔬菜食用。

② 水母：海蜇。

③ 明脯：螟（míng）脯，即墨鱼鲞，墨鱼的干制食品。经剖开去掉内脏后晒干而成。

末、花椒、葱白调和，炒汁竭。宜干蕈洗、石耳洗，俱用其余汁，炒香入。

【译】将鹅肉切成大片，先烧油并下入鹅肉片，加少许酒、水将鹅肉煮熟，加入盐、缩砂仁末、花椒、葱白调和味道，再将鹅肉片炒至汁干。适合放些干蕈、石耳。

酒烹鹅

剖为轩，先炒改白，同水、甘草烹熟，宽注以酒，加少盐、醋、花椒、葱白调和。和物宜生竹笋同入烹、生茭白肉熟入之即起、芦笋生入、蒲蒻生入。全体亦宜。

【译】将鹅肉切成大片，先炒至肉变白，加入水、甘草将鹅肉煮熟，多加些酒，再加少许盐、醋、花椒、葱白调和味道。适合放入的食材有生竹笋、生茭白、芦笋、蒲蒻。也适合烹整鹅。

熟鹅鲊

用熟肉切为脍，沃热油，地椒、莳萝末①、藕丝、熟竹笋丝、生茭白丝、炒熟芝麻、盐、醋。

【译】将熟鹅肉切成丝，浇上热油，加入适量地椒、莳萝末、藕丝、熟竹笋丝、生茭白丝、炒熟芝麻、盐、醋拌匀。

生鹅鲊

用绝肥者，去骨，方切小脔。每五斤，盐三两，酒一大

---

① 莳萝末：又名"皮香"，与小茴香相似，果实为健胃良药，嫩茎及嫩叶用作蔬菜。

盏，腌一宿，去水。坋地椒、花椒、莳萝、红曲屑、葱白、生姜、酒、酱少许，和入罐中，按实箬幂，泥封，四十日后开用。留经岁不败。

【译】取大个儿的肥鹅，去掉骨头，再切成小块。每五斤鹅肉用三两盐、一大盏酒，腌渍一夜，倒去水。将地椒、花椒、莳萝、红曲屑、葱白、生姜、酒和少许酱拌和均匀，同鹅肉一并放入罐中，按实并用竹箬遮盖罐口，用泥封闭，四十日后打开可用。这样做后保存一年不会坏。

鹅醢

取熟头、尾、翅、足、筋、肤，斫绝细，和酱与胡椒、花椒、缩砂仁用。

【译】（略）

火鹅

即鹅脡①。脡，徒苓切。

同猪。

【译】同猪的做法。

鸡

骟②者稚者良。

割鸡煺毛同鹅。割老鸡瘗温灰中一时许，煺毛烹之易烂。

【译】（略）

---

① 脡（tǐng）：长条的干肉。

② 骟：阉割。

烹鸡

水烹熟，乘热以盐遍挼之，宜蒸熟，花椒、盐、醋、花椒油、蒜、醋、糟油。

【译】将鸡用水煮熟，趁热用盐揉搓遍，也适合蒸熟，加入花椒、盐、醋、花椒油、蒜、醋、糟油调味。

烧鸡

用熟者，以盐、酒、花椒末、葱白屑遍挼之，架锅中以香油浇上。烧黄香。生者同制。

【译】取熟鸡，用盐、酒、花椒末、葱白末揉搓遍，架在锅中并浇上香油，将鸡烧至色黄味香。生鸡的做法同此方法。

油煎鸡

二制。

用鸡全体，揉之以盐、酒、花椒、葱屑，停一时，置宽热油中煎熟。

用鸡全体，先在热油中爁^①黄色，以酒、醋、水、盐、花椒慢烹，汁竭为度。

【译】取整鸡，用盐，酒、花椒、葱末揉搓后放一个时辰，下入足量的热油中炸熟。

取整鸡，先在热油中炸至黄色，用酒、醋、水、盐、花椒慢慢煮制，煮至汤汁干了为止。

---

① 爁（làn）：此处为炸炙之意。

油爆鸡

二制。

用熟肉细切为脍，同酱瓜、姜丝、栗、茭白、竹笋丝热油中爆之，加花椒、葱起。

用生肉细切为脍，盐、酒、醋浥少时，作沸汤焯。同前料，入油炒。

【译】将熟鸡肉切成丝，同酱瓜、姜丝、栗子、茭白、竹笋丝入热油中爆炒，加入花椒、葱后起锅。

将生鸡肉切成丝，用盐、酒、醋腌渍一会儿，烧开水将鸡丝微煮。加入前面所说的调料，下入油中炒制。

蒜烧鸡

取骟鸡拚洁，肋间去脏，其肝、肺细切醢，同击碎蒜囊、盐、酒和之，入腹中，缄其剖处，宽酒、水中烹熟，手析杂以内腹用[①]。

【译】将阉割过的鸡鸡毛拔干净，从肋间刨开去掉内脏，将鸡肝、肺切碎，同拍碎的大蒜、盐、酒调和均匀，填入鸡的腹中，封闭鸡的开口处，放入足量的酒、水中煮熟，再用手掏出鸡腹中的杂物后食用。

酒烹鸡

取鸡斫为轩，热锅中先炒色改，宽水、白酒、甘草烹熟，以盐、醋、花椒、葱调和。冬月多用醋，待冷贮瓮中，

---

① 手析杂以内腹用：原文如此，疑有衍脱。似指用手掏出鸡腹中的杂物后食用。

密封能致远，数月不败。全体烹熟调和亦宜。鸡轩先以醋烦揉入锅，熟亦色白。和物宜地栗①生劋去皮，劋音俭、鲜竹笋同烹、生菱肉、瓠干、生藕、菱白鸡熟入、白鲞②同烹、河豚干同烹。

【译】将鸡肉切成大片，放入热锅中先炒至变色，再放入足量的水和适量的白酒、甘草中煮熟，加入盐、醋、花椒、葱调和味道。冬季煮鸡时要多用醋，晾凉后收贮在瓮中，密封后能长时间保存，几个月都不会坏。将整鸡煮熟再调味也可以。可以和入的食材有荸荠、鲜竹笋、生菱肉、瓠干、生藕、菱白、大黄鱼干、河豚干。

辣炒鸡

用鸡斫为轩，投热锅中炒改色，水烹熟，以酱、胡椒、花椒、葱白调和。全体烹熟，调和亦宜。和物宜熟栗、熟菱、燕窝温水洗、麻姑③温水洗、鸡棕④温水洗、天花菜温水洗、羊肚菜⑤温水洗、海丝菜⑥亦曰龙须，冷水洗，不入锅、生蕈少焯，冷水洗、石耳温水洗、蒟蒻、芦笋、蒲蒻、竹笋

---

① 地栗：荸荠。

② 白鲞用大黄鱼加工制成的咸干品，味鲜美、肉结实，为名贵海产品，中医认为其味甘、性平，可开胃、消食、健脾、补虚。

③ 麻姑：蘑菇。

④ 鸡棕：在食用野生菌中为珍品。又名鸡脚蘑菇、伞把菇、蚁棕、斗鸡公等。

⑤ 羊肚菜：羊肚菌。

⑥ 海丝菜：不详。可能是一种海藻。

干淡者同石灰少许芼之，易烂，先芼。咸者水洗、黄瓜削去皮瓤、胡萝卜块切，先芼、水母、明脯须。

【译】将鸡肉切成大片，放入热锅中炒至变色，再用水煮熟，加入酱、胡椒、花椒、葱白调和味道。也可以将鸡整个煮熟，再调和味道。可以和入的食材有熟栗、熟菱、燕窝、蘑菇、鸡棕、天花菜、羊肚菌、海丝菜、生蕈、石耳、蒟蒻、芦笋、蒲蒻、竹笋干、黄瓜、胡萝卜、水母、墨鱼须干。

熏鸡

二制。

用鸡背刳之，烹微熟，少盐烦揉之，盛于铁床，覆以箬盖，置砻谷糠烟上，熏燥。

有先以油煎熏。

【译】将鸡背剖开后再挖空，煮至微熟，用少许盐揉搓，盛入铁床，用竹箬覆盖，点燃砻过的谷糠，用烟将鸡熏干。

有的先将鸡用油炸制再熏制。

烘鸡

刳鸡背，微烹，用酒姜汁、花椒、葱浥之，置炼火上烘，且浥且烘，以熟燥为度。

【译】将鸡背剖开后再挖空后微煮，用酒姜汁、花椒、葱腌渍，再放在炭火上烘烤，一边烤制一边刷腌渍料汁，直至将鸡烤干烤熟为止。

鸡生

二制。

割已生卵未菢①音暴鸡挦洁，不入水，鼓刀取胸下白肉，同股间肉，皱绝薄脄，以绵纸布之，收尽血水。取少油微滑锅中，炙肉色改白，报切为绝细末。杂退皮胡桃、榛松仁、栗肉、藕、蒜白、草果仁、酱瓜姜，俱切绝细屑，与鸡末等和醋少许，随范②为形象，供筵中用。

止杂以胡桃、榛仁、松仁、白砂糖。

【译】宰杀已生卵未抱窝的鸡，将毛拔干净，不要放入水中，在几案上取鸡胸下的白肉及股间肉，切成薄片，用绵纸包裹，吸掉血水。用少许油在锅中将鸡片微滑，炙至肉色变白，切成极碎的末。可以掺入去皮的胡桃、榛仁、松仁、栗肉、藕、蒜白、草果仁、酱瓜、酱姜，这些食材都要切成极碎的末，与鸡末等量和入少许醋，随意选模子来造型，供宴席中食用。

在鸡肉末中只掺入胡桃、榛仁、松仁、白砂糖。

熟鸡鲊

同鹅。又宜和黄瓜、生瓜，去皮瓤，条菹，宜芥辣。

【译】同鹅的做法。也可以和入黄瓜、生瓜，要去掉瓜的皮、瓤，切成条，可加入芥辣汁。

---

① 菢（bào）：母鸡孵雏称为菢。

② 范：模子。

生鸡鲊

同生鹅鲊。

【译】同生鹅鲊的做法。

冻鸡

用鸡烹熟，手析之，白鲞洗洁，手析之，同入锅，以鸡汁、生竹笋条、桔皮条、甘草、花椒、葱白、醋，调和贮，每器凝冻之。

【译】将鸡煮熟，用手撕开，再将鱼干洗干净，用手撕开，一同下入锅，加入鸡汤、生竹笋条、橘皮条、甘草、花椒、葱白、醋，调和味道后收贮，每给容器中凝成冻即可。

藏鸡

用鸡割膆①音素尽处，去内脏，将铲去其骨，其髋②苦官切髀③步米切间则钳碎而取之，调和，切肉醢实遍满。少则足以猪肉醢。割处挫针④，纟从丝缝密，水烹熟。宜母鸡初卵而未菢者。

【译】将鸡割开直到嗉囊的尽处，去掉内脏，用铲铲去骨头，用钳子将胯骨、大腿骨钳碎后取出，调和味道，切肉酱将鸡腹填满并按实。鸡肉酱的量少，用猪肉酱填足矣。将

---

① 膆（sù）：嗉囊。许多禽类的食管的扩大部分，形成一个小囊，用来储存食物。

② 髋（kuān）：组成骨盆的大骨，左右各一，形状不规则，是由髂骨、坐骨和耻骨合成的。通称胯骨。

③ 髀（bì）：大腿骨。

④ 挫针：捉针，捏针。谓缝衣服。

鸡的刀口处取针用纶丝缝严实，将鸡下入水中煮熟。适合用刚下蛋未抱窝的母鸡。

火鸡

即鸡腒[1]。腒，侧究切。

同猪。

【译】同猪的做法。

鸡豉

同猪。肌肉俱用。

【译】（略）

鸭

用种大肥雏鸭。

毙鸭煺毛同鹅。

【译】（略）

烧鸭

二制。

用全体，以熟油、盐少许遍沃之，腹填花椒、葱，架锅中烧熟。

挼花椒盐、酒，架锅中烧熟，以油或醋浇热锅上，生烟，熏黄香。宜醋。《内则》曰："弗食舒凫翠。"

【译】将整个的鸭子用熟油、少许盐浇遍，鸭肚内填入花椒、葱，架在锅中烧熟。

---

① 腒（zhù）：脯也。

将鸭子用花椒盐、酒揉搓，架在锅中烧熟，要用油或醋浇在热锅上，生出烟，将鸭子熏至色黄味香。吃的时候加些醋。

炙鸭

用肥者全体，爁汁中烹熟，将熟油沃，架而炙之。

【译】将肥大的整个的鸭子放入爁好的汤汁中煮熟，再浇上熟油，架起烤制。

盐煎鸭

同猪。

【译】同猪的做法。

油煎鸭

切为轩，投熬油中炒香，同少水烹熟，加花椒、葱白、盐、酒调和。

【译】将鸭肉切成大片，下入热油中炒香，加少许水煮熟，加入花椒、葱白、盐、酒调和味道。

酱烹鸭

同猪。和物宜芋魁、山药、鲜竹笋、茭白、芝腐^①、豆腐。

【译】（略）

---

① 芝腐：芝麻腐。

火鸭

即鸭腺①。腺，户佳切。

同猪。宜老肥者。

【译】（略）

野鹅、野鸡、野鸭即鹜。

蚊鸡色如蚊，非鹨雀也。鹨，音何。鸠鸽之属

二制。

皆切为轩，盐、酒溢片时，投熬油中炒香，同少水烹熟，新蒜、胡荽、花椒、葱调和。宜鲜竹笋、山药。

用全体，以盐微腌，水烹微熟，腹实花椒、葱。沃酒烧熟。取油或醋滴入锅中，发焦烟触之，色黄味香为度。宜蒜、醋。

【译】食材都要切成大片，用盐、酒润一会儿，下入热油中炒香，加少许水煮熟，用新蒜、香菜、花椒、葱调和味道。适合加入鲜竹笋、山药。

要用整个的食材，用盐微腌，水煮微熟，在肚内填入花椒、葱按实。浇上酒后烧熟。取油或醋滴入锅中，发出的烟使食材熏黄，直至色黄味香为止。吃的时候加些蒜、醋。

---

① 腺（xié）：此处指鸭肉脯。

天鹅《饮膳正要》曰："金头者为上。"

鹔鸘、雁名朱鸟。灵鸡即鸨，音保。

鹖鹭、鹰鹞、白鹇、绵鸡之属

皆用全体，盐腌一日，烹微熟，屑蒜白、葱白末、川椒、缩砂仁研浓酱，同烦揉，内外俱遍，架锅中，烧熟。

用全体，盐汤烹熟，浥少香油，置炼火上慢烘燥，暑月久留不败。俱宜蒜、醋。

【译】食材都要用整个的，用盐腌一天，先煮至微熟，再将蒜白末、葱白末、川椒、缩砂仁研成浓酱，用酱将食材的内外都揉遍，架在锅中，烧熟即可。

食材都要用整个的，用盐水煮熟，用少许香油润一润，放在炭火上慢慢烤干，在夏季的时候长久保存不会坏。吃的时候都适合加些蒜、醋。

黄雀

中秋罗者则肥。东坡诗云："披绵黄雀漫多脂。"《云间志》云："石首小鱼长五寸，秋社化为黄雀。"《惠州志》有：黄雀鱼，八月化为黄雀，十月后入海，化为鱼，九月候人见雀入大水，每膏一滴。为蛤一枚①。

黄雀炙

黄雀微腌，薄酒涤洁。取头、颈、翅斫细醢，杂鸡鸭

---

① 此为一种不科学的传说。鱼不可能变雀，黄雀也不可能入水变为鱼。海中有飞鱼，非黄雀。说黄雀入大水，每膏油一滴，变成蛤蜊一枚，也是没有根据的。

子、花椒、葱白、酱调和，实腹中。或杂鲜乳饼，倒置甀内，掺末花椒、屑葱白，蒸。

以鲜者同酒、水、葱白、盐布银、锡、砂锣内蒸。

【译】将黄雀微腌，用淡酒洗干净。将黄雀头、颈、翅剁成酱，掺入鸡蛋或鸭蛋及花椒、葱白、酱调和后，填入黄雀腹内按实。或掺入鲜乳饼，倒置在甀内，撒上花椒末、葱白末后蒸制。

将鲜黄雀同酒、水、葱白、盐放在银、锡、砂锣内蒸熟。

黄雀鲊
三制。

用黄雀鲜肥者，薄酒涤洁，软帛抹干，背刳之。腹间置小麦数粒、葱屑、花椒碎颗少许。以头尾颠倒相覆，每二十头叠一小罐，调香熟油，酒、酱、炒盐、花椒、葱白屑浇没一寸，取竹篾关实封固，收藏甚久。用宜醋。

宜方切小脔，和水调鸡鸭卵、花椒、葱白屑，入器蒸。

宜染水调面，油煎。

【译】将鲜肥的黄雀用淡酒洗干净，用软帛抹干水分，从背部剖开。肚内放入数粒小麦和少许葱屑、花椒碎粒。将黄雀头、尾颠倒码放，每二十头码入一个小罐，加入香且熟的油、酒、酱、炒盐、花椒、葱白屑淹没黄雀一寸，取竹篾关实并封闭严实，可收藏很长时间。吃的时候适合加些醋。

将黄雀切成小方块，和入水加鸡蛋或鸭蛋、花椒、葱白末，放入容器中蒸熟。

黄雀可以蘸用水调的面糊并放入油中炸熟。

竹鸡《北梦琐言》曰："竹鸡吃半夏，有毒。加姜汁。又有稻鸡、茭鸡之种。"

鹖鸫[①]、**练鹊**《本草》云："食槐子者治风疾。"

鹌鹑、铁脚[②]之属

捋洁，用熟香油、花椒、葱、酱油烦揉，架锅中烧熟，滴醋热锅中，发烟熏黄香。宜蒜、醋。

【译】将食材的毛拔干净，用熟香油、花椒、葱、酱油多揉揉，架在锅中烧熟，滴醋在热锅中，发出烟将食材熏至色黄味香。吃的时候适合加些蒜、醋。

山鸲鹆[③]、刺毛鹰、鹡鸰[④]、

秋禽海东飞至，有画鸟红肚等禽类，非一种。**之属**

视野鹅。下随宜制之。有作腥者，烹后乘热以麦稍藉土上，器覆之一时，别制之。宝庆府有鹖鸫鲊。

【译】可以参照野鹅的做法。下面随便制作。如肉

---

① 鹖（hé）鸫（dàn）：古书中鸟名。

② 铁脚：鸟名。以其爪黑得名。

③ 鸲（qú）鹆（yù）：八哥（鸟）。

④ 鹡（jí）鸰（líng）：俗称张飞鸟，多数为鹡鸰属。鹡鸰属雀形目鹡鸰科的一属。中国有白鹡鸰、灰鹡鸰、黄鹡鸰（分为东黄鹡鸰、西黄鹡鸰）、黄头鹡鸰。

腥，要在煮后趁热将麦稍衬在土上，用容器覆盖一个时辰，再去制作。

凡野禽各风土所产者，视所宜同野鹅，以下制禽属通用，并肫音谆、卵等所宜。

【译】凡野禽在各地方都有所产，根据情况做法同野鹅，以下烹制禽属的方法通用，及肫、卵等也适合。

暴腌

鹅、鸡、鸭皆宜，同牛、羊、猪。

【译】（略）

焖

鹅、鸡皆宜，同猪。

【译】（略）

糟

熟鹅、鸡同掌、跖①、翅、肝、肺，同兽属。鹅全体剖析四轩。糟封之，能留久。宜冬月。鹅掌美。僧谦光曰："愿鹅生四掌。"

【译】熟鹅、鸡同掌、跖、翅、肝、肺，糟法同兽属。要将鹅整个切成四大片。糟制后封闭，能长时间保存。适合冬季制作。

① 跖（zhí）：脚面上接近脚趾的部分。

生

鹅、鸭南粤皆用为之，同兽制。今存其鸡者，天下所同嗜也。

【译】（略）

肺、肝、血

野禽者不用。

熟肺、肝细切脍。宜新韭、瓜丝、绿豆粉、油馓，宜五辛醋。或同熟鹅鲊，宜芥辣。

生肝、血宜油炒，花椒、胡荽、葱、盐、酒调和。肺微炒起。

熟肝细切脍，杂茭白、藕丝、乳线丝、炒熟芝麻、白砂糖、盐、姜汁和，宜辣烹，和糁。宜甜酸调和。宜糟。生肝宜腌。

【译】将熟的肺、肝切成丝。要加入新韭、瓜丝、绿豆粉、油馓，要加五辛醋。或者与熟鹅鲊的做法相同，要加些芥辣汁。

生肝、血要用油爆炒，加入花椒、香菜、葱、盐、酒调和味道。肺须微炒后起锅。

将熟肝切成丝，掺入茭白、藕丝、乳线丝、炒熟芝麻、白砂糖、盐、姜汁调和味道，要辣烹后和入碎米粒。要用甜酸调和味道。要糟制。生肝要腌一下。

卵

野禽者不用。

腌：先用水渍洗洁，晾干，以糜染盐入瓮。或每千枚取稻秆烧灰四斗、盐十五斤或十三斤。碓通润苴之，入瓮。或贮于筐筥中而风戾之。《碎事》曰："杬子盖以杬柀汁和盐渍之，或为混池子，取火炭灰一斗、石灰一升，盐、水调入，锅烹一沸，俟温，苴于卵上。五七日黄白混为一处。"杬，音元。

【译】腌法：先用水将蛋洗干净，晾干，沾了盐放入瓮中。或每千枚蛋用四斗稻秆灰、十五斤或十三斤盐。将稻草灰和盐碓润后将蛋包裹，放入瓮中。或将蛋储存在筐筥中风干。

炖：每卵黄白二升，水一升，同少盐调甚匀，泻银、锡器中，掺花椒、缩砂仁末、葱屑，不盖锅，隔汤慢顿熟。宜甘草、水、酒或醋、盐、葱煎汁瀹之，宜肥辣酱汁瀹之，有调入熟鹅、鸡膏益珍。干用。或先调卵于器，汤中顿微熟，细切熟猪肉醢铺上，又将卵泻入再顿熟。有用卵带壳烹白微坚，击颠①窍，倾去黄，调猪肉醢或细切乳饼满实之，又顿熟。

【译】炖法：每两升蛋液用一升水，加少许盐调和极匀，倒入银或锡器中，掺入花椒、缩砂仁末、葱屑，不盖

---

① 颠：高而直立的东西的顶。

中华烹饪古籍经典藏书

192

锅，隔水慢火炖熟。要浇上用甘草、水、酒或醋、盐、葱煮的汁，要浇上肥辣酱汁，有加入熟鹅、鸡膏的更好。要干后用。或者先将蛋调入容器中，放入水中炖至微熟，铺好切碎的熟猪肉酱，再将蛋倒入肉酱上再炖熟。有将蛋带壳煮至蛋白微硬，将蛋顶敲开孔，倒出蛋黄，填入猪肉酱或切碎的乳饼，填满填实，再炖熟。

滚：用甘草、水、酒炊沸，以卵击裂泻入之，花椒、葱白、盐调和。

【译】滚法：将甘草、水、酒煮开，将蛋敲裂把蛋液倒入水中，加入花椒、葱白、盐调和味道。

煎：用熬香油击卵泻入，或调以猪肉醯料泻入，或用摊者块切再煎之。或水烹半熟，冷水浴退壳，周界以棱压低为菊花状，入煎之。有水烹熟退壳，纶丝断为片，染水调面煎之。用醋烹，则壳柔，能揉为方。

【译】煎法：将蛋敲开把蛋液倒入熬好的香油中，或者倒入调好的猪肉酱料，或将摊好的蛋切成块再煎。或用水将蛋煮至半熟，用冷水泡后剥去壳，蛋表面用棱压成菊花状，再进行煎制。有的将蛋用水煮熟并剥去壳，用纶丝断成片，蘸用水调的面糊后煎制。

烹：水烹熟，浴冷水中，取脱去壳。欲糖心，作沸汤，入卵少烹之。久烹半日，余即如抱退①者。

---

① 抱退：言如卵经孵后，小鸡退壳而出。如抱退者，空壳完整分离。

【译】煮法：将蛋用水煮熟，泡在冷水中，再取出剥去壳。如果想要糖心，煮开水，放入蛋略煮一会儿。如果煮至半天，蛋的空壳会完整分离。

煨：用卵微烹击裂，酱油、盐、茶清同在罂，糠火烧透，留经数月。有壳外束线瘗灰火熟，味优于烹。

【译】煨法：将蛋微煮后敲裂，与酱油、盐、茶清同放在罂瓶中，用谷糠火烧透，可以保存数月。有的在蛋壳外绑线，将蛋埋在瘗灰火中煨熟，味道比煮的好。

摊：用卵少调水，杂猪肉醢料。泻少油锅中摊开，沃少酒。或以锅中少滑以油泻调，不入水，卵匀甚薄，片如春饼，卷物用。

【译】摊法：将蛋液中调入少许水，掺入猪肉酱料。锅中倒少许油，将调好的蛋液、猪肉酱料摊开，浇上少许酒。或者将锅中倒少许油，蛋澥开调匀，不要加水，将蛋液均匀地倒入锅内薄薄地摊开，像春饼一样，卷东西吃。

洒：先作沸汤，卵颠开小窍，洒黄白条于汤，捞之，宜入酒入羹。

【译】洒法：先烧开水，将蛋壳敲开小孔，将蛋黄、蛋白倒入开水中形成条状，捞出，适合下酒、做成羹。

糟：用熟卵去壳。或生卵洗洁，带壳苴之，用水烹。

【译】糟法：将熟蛋去壳后糟制。或者将生蛋洗干净，带壳用水煮后糟制。

馔①：加以葱白、花椒、酱油、酒调和之。或用酒于汤中，卵条捞入油煎，复调和之。宜和以新韭、芼熟菜薹、芼熟竹笋、条索②绿豆粉条。

【译】馔法：水中加入葱白、花椒、酱油、酒调和。或者在水中倒些酒，将蛋液倒入汤中形成条后捞出用油炸过，再调和味道。适合加入新韭、焯熟的菜薹、焯熟的竹笋、绿豆粉条。

---

① 馔（zàn）：俗称"浇头"。以羹浇饭。

② 条索：指外形呈条状。

卷

四

鳞属制

身无鳞而名为鱼者皆附后

◎ 海水江水所产 ◎

鲥鱼

《尔雅》曰："鯦，当魱。"

注曰："海鱼也，似鳊而大，鳞肥美，多鲠[1]，今江中亦有之。宜日暴，宜糟，俱治不去鳞。鯦，俱救切。"魱，音胡。

蒸鲥鱼

二制。

带鳞治，去肠胃，涤洁，用腊酒[2]、醋、酱和水调和，同长葱、花椒置银、锡、砂锣中蒸。

用花椒、盐、香油遍沃之，蒸。有少加以酱油。

【译】将鲥鱼带鳞做菜，先去掉肠、胃，洗干净，用腊酒、醋、酱和入水调和均匀，同长葱、花椒放在银、锡或砂锣中蒸制。

将鲥鱼用花椒、盐、香油腌渍后进行蒸制。有的加少许

---

① 鲠（gěng）：鱼骨刺。

② 腊酒：腊月酿制的酒。

酱油。

鳣鱼①

《诗》注曰："似龙，黄色，锐头，口在颔下，

背上腹下皆有甲，大者千余斤，即鳣，今名鳣鱼。

甲中有黄甚肥美，亦有无者。肉皆美。此则雌雄之别。

宜糟，宜日暴。"鳣，张连切。

辣烹鳣鱼

剖治破为牒，冷水同甘草烹熟，以胡椒、花椒、葱、酱、醋调和。宜芼白菜苔和之。

【译】将鳇鱼剖开整治干净后切成薄片，放入冷水中同甘草煮熟，加入胡椒、花椒、葱、酱、醋调和味道。适合加入焯过的白菜薹。

鳣鱼鲊

《说文》曰："鲊藏鱼也。"

用鳣鱼肉方切小脔，炒盐腌之，每斤计炒盐六钱。翌日②布苴之，压干，又眼，令水竭。扮花椒、地椒、莳萝、红曲匀和以香熟油，渍没瓮中，令味自透。经年不馁。宜醋。

【译】用鳇鱼肉切成小方块，用炒盐腌渍，每斤鱼肉用

---

① 鳣鱼：也称"鳇鱼"，属鲟科。

② 翌日：次日。

六钱炒盐。第二天用布包裹鱼肉，压干，再晾，晾干水汽。用花椒、地椒、莳萝、红曲拌匀后和入香熟油调匀后倒入瓷中，淹没鲟鱼，食之味道自行渗出。经过一年鱼肉不会腐败变质。适合加些醋。

鲟鱼

《尔雅》曰："鲒、鲚、鲔，似鳣，色青黑无甲，有冠，其长与身相埒①，多脆骨。"

《埤雅》曰："江南俗云玉板者，宜糟。惟脑傍眼下两直肉。宜日暴蒸，析为细缕。"

《辍耕录》曰："鹿头肉。"

鲒，音洛。鲚，音叔。鲔，音伟。

烹鲟鱼

同鲤鱼。其肺、肠等俱堪用。

【译】（略）

鲟鱼鲊

同鲤鱼。惟多膜其脆骨。武昌多以腊胚为之。

【译】（略）

---

① 埒（liè）：同等。

鲳鱼宜为羹，宜辣烹，宜油煎，宜糟，宜日暴。

石首鱼宜油煎，宜馈，宜糟，宜烘，日暴燥，曰白鲞。

谚云："栋花开，石首来。"

鳓鱼宜油煎，宜糟。

勒鱼同鲥。宜蒸，宜烘，宜油煎，宜糟、宜窨干。窨，于禁切。

鲻鱼宜油煎，宜日暴，宜糟。

鲈鱼宜油煎，宜日暴，宜糟。

<h3 style="text-align:center">八带鱼宜为羹。之类</h3>

常制治而作之。《日抄》云："刷其鳞也。"涤之，微盐腌片时，酒水烹熟，花椒、葱、醋调和。或按盐于身，置花椒、葱于鱼腹，以麦稭[1]藉鱼，烧熟黄。八带鱼无鳞。

【译】这些鱼可以按照常用方法来做菜。将鱼洗干净，用少许盐腌一会儿，用酒、水煮熟，加入花椒、葱、醋调和味道。或者用盐搓揉鱼身，将花椒、葱放入鱼肚内，将麦秸垫在鱼的下面，点燃麦秸将鱼烧至色黄且熟。

鲨鱼又名鲛，有虎头、犁头等，状而非一，宜油煎，宜日暴。

马交鱼宜油煎，宜糟，宜日暴。**板鱼**即比目鱼，宜油煎。

丫鳞鱼宜酒烹，宜油煎，宜糟。**乌贼**日暴，曰明脯。

《埤雅》曰："遇风虬前一须下碇名缆鱼。"

碇，丁定切。之类

常制治之，惟鲨鱼汤退去皮，微腌，水烹熟，捣酱油、

---

① 麦稭：麦茎，麦秸。

醋、花椒、葱调和。

【译】这些鱼均按平常方法制作，只有鲨鱼先用热水煺去皮，微腌，用水煮熟，加入酱油、醋、花椒、葱捣后调和的汁。

赤鱼《本草》曰：邵阳鱼。

地青鱼俱治洁，宜日暴。**之类**

切为轩，投熬油中，酒、水烹熟，以青蒜、葱白、花椒、盐调和。

【译】将鱼切成大片，下入热油中，用水加酒煮熟，用青蒜、葱白、花椒、盐调和味道。

大鲚①鱼《尔雅》曰："刀鱼。治宜同蒸鲥。"

梅鱼《云间志》："石首小鱼长五寸，宜为羹，宜同蒸鲥。"

黄鲫宜鲜，俱宜油煎，宜日暴。**之属**

微腌，酒、水作沸，以小筥②布鱼，烹熟持起，以盐、醋、花椒、葱和之浇瀹之。有以胡椒、酱油和汁浇瀹之。鱼小者，为碟者，为脔者，宜入筥烹，多仿此。

【译】将鱼微腌，水加酒烧开，用小竹筐盛鱼，煮熟后拿起，用盐、醋、花椒、葱调和后浇上。有的用胡椒、酱油调和后浇上。鱼个头小的，装在碟子里的，切成块的，都适

① 鲚（jì）：刀鱼。

② 筥（jǔ）：圆形的竹筐。

合放在竹筐里煮，大多都仿照此方法。

冻鱼

尾宜日暴。

冬月治之，酒水烹熟，宜胡椒、醋。

【译】（略）

凡江海宜酽醋、白酒浆、甘草，视所宜。油煎者，皆宜馔。后多仿此。

【译】（略）

◎ 江河池湖所产 ◎

青鱼宜生，宜鲊。

鲢鱼即鲖。谚云："买鱼得鲖，不知唤茹。"

今惟腹膤则为美，俱治作之，去腮涤洁，宜辣烹为羹，酒烹，油煎，煎馔，糟、熏、火，日暴窨干。鲖，音序。

蒸

二制。

用全鱼，刀寸界之，内外浥酱、缩砂仁、胡椒、花椒、葱皆遍，甑蒸熟。宜去骨存肉，苴压为糕。

用酱、胡椒、花椒、缩砂仁、葱沃全鱼，以新瓦砾藉锅置鱼于上，浇以油，常注以酒。俟熟。俱宜蒜、醋。

【译】选整条的鱼，用刀把鱼剖开，将鱼里外用酱、缩砂仁、胡椒、花椒、葱涂抹遍，上甑蒸熟。要去骨存肉，包裹后压成糕。

用酱、胡椒、花椒、缩砂仁、葱腌渍整条的鱼，锅中用新瓦砾衬底并放上鱼，浇上油，常倒入些酒。把鱼烧熟。适合加些蒜、醋。

鲻鱼

治肝堪用。宜酒煎，宜酒烹，宜日暴，宜为羹，宜糟。

鮠五灰切。鱼[①]

先治之作沸汤，焯去涎水。宜油煎，宜糟。鲇鱼同制。

姜烹

微腌，作沸汤烹。用甘草、捣酱姜、酱油、醋、花椒、葱调和之。有不用腌，与料同入。后仿此。

【译】将鱼微腌，烧开水把鱼煮熟。用甘草、捣碎的酱姜、酱油、醋、花椒、葱调和味道。有的不用把鱼腌了，与调料一同入锅。后面仿照此方法。

---

① 鮠（wéi）鱼：也称"江团"，为上等食用鱼类。

鳜鱼

宜油煎，宜糟。张志和云："桃花流水鳜鱼肥。"

乌鱼

即鳢，必用活者。《埤雅》曰："惟此鱼胆甘可食。"

宜油煎，宜为生。俱宜为羹。

汤齑

治去鳞腮，涤洁，薄破牒，盐、酒微渍，布小笪中，甘草水作沸汤，齑熟。预以肚、骨投烹，加胡椒、酱油、醋调和为汁瀹之。和物宜山药、鲜竹笋、芼白菜、芦笋。暑月似冻，去骨，熬璚枝①调入，冷切，糟用。后仿此。

【译】将鱼去掉鳞、鳃并洗干净，切成薄片，用盐、酒稍微腌一下，放在小竹筐中。将加入甘草的水烧开，把鱼煮熟。事先把鱼肚、骨放入锅中煮，用胡椒、酱油、醋调和成汁煮制。适合加入的食材有山药、鲜竹笋、焯熟的白菜、芦笋。夏天像冻，要去骨，调入熬好的琼脂，凉后改刀，糟制后食用。后面仿照此方法。

---

① 璚（qióng）枝：琼脂，即洋菜。亦称石花菜、大菜，是一种含有丰富胶质的海藻类植物。

鳊鱼《埤雅》曰："鲂。"宜风，宜糟，宜窨干。

大鮆鱼宜日暴，宜糟。

鲈鱼宜日暴，宜火，宜糟，宜生。

鲦鱼即白鱼。宜火，宜糟，窨干。

俱宜油煎，宜同蒸鲥，宜为羹。之类

酒烹

三制。

治去鳞腮，微腌顷之，涤洁，先和甘草水熟，白酒、醋、盐投鱼，齐烹熟，入花椒、葱，起。

腹实葱、椒烹。不以醋。

烹熟，惟以醇酒浇，或加糟油。有不用腌。

【译】将鱼去掉鳞、鳃，微腌一会儿，洗干净，先将和入甘草的水烧开，再加入白酒、醋、盐后下入鱼，将鱼煮熟，下入花椒、葱后起锅。

鱼肚内填葱、花椒后将鱼煮熟。不要放醋。

将鱼煮熟，只用醇酒浇上，或者加糟油。

吹沙①治，腹有白甚美。宜油煎，宜日暴，宜熏。

虾虎②治。针头鱼治，宜油煎，宜酒烹，宜日暴。

子鲚鱼治，宜油煎，宜酒烹，宜日暴，宜糟。

比目鱼治，宜油煎。

鲂皮鱼治，宜酒烹。

斑鱼③腹有黄甚珍，治涤洁，或去皮，

同猪肉为醢，宜油煎，宜糟。

箭头鱼有黄甚美，灰浥去涎。

玉箸鱼治，宜酒烹，宜油煎，宜熏。俱宜为羹。

皆鱼之小者。《尔雅》："小鱼曰鱼婢。"

银鱼一名鲙残。

宜同猪肉斫为醢，宜酒烹，宜油煎，宜日暴。

之类莆田通应□子鱼④，俗误为印。

辣烹

微腌入肉汁，同甘草烹熟，以酱、醋、胡椒、花椒、葱白调和。有不用腌。

---

① 吹沙：古代小鱼名。晋郭璞注："今吹沙小鱼，体圆而有点文。"

② 虾虎：学名"虾蛄"，在山东东部部分沿海地区（青岛、潍坊等地）习惯叫作虾虎。与虾类类似，但体形扁平，壳较硬，周边有刺。

③ 斑鱼：无锡、苏州人谓之"斑肝"。

④ 莆田通应□子鱼：原文如此。"应"字后一字模糊不可辨，疑为"刷"字。全句费解，疑有误脱。

【译】将鱼微腌后加入肉汤，加甘草后把鱼煮熟，用酱、醋、胡椒、花椒、葱白调和味道。有的鱼不需用腌渍。

鲤鱼

宜辣烹，先刷其鳞，囊括^①涤洁，入水作汤，

数沸，去鳞烹之。宜油煎，宜煎馈，

宜窨干，宜鲊，宜火，宜料烘，宜糟。不去鳞，宜为生。

酱烧鲤鱼

治，不去鳞，涤洁，挼以熟油、酱、缩砂仁、花椒，腹中实以花椒、葱。锅内置新瓦砾藉鱼，再以油浇落，烧之熟，掺以葱白屑，起。宜蒜、醋。

【译】将鱼整治且不要去鳞，洗干净后用熟油、酱、缩砂仁、花椒挼搓，鱼肚中填实花椒、葱。锅内放入新瓦片衬底并放上鱼，再用油浇上，将鱼烧熟，撒入葱白末，起锅。适合加些蒜、醋。

清烧鲤鱼

带鳞治涤，挼盐于身，腹实猪肉醢料或鲜乳饼，或惟以花椒、葱，架锅中烧。宜蒜、醋。

【译】将鱼带鳞整治好并洗干净，用盐揉搓鱼身，在鱼肚内填实猪肉酱料或鲜乳饼，或者只用花椒、葱，再将鱼架在锅中烧熟。适宜加些蒜、醋。

---

① 囊括：把全部包罗在内。

鲫鱼

《本草》曰："鲋。"宜酒烹，宜油煎，宜煎馈，宜风，宜糟。不去鳞。宜为羹，宜料烘，宜熏，宜清烧。同鲤鱼。

辣烹鲫鱼

用鱼治涤，先刷其鳞，囊括入水，作汤数沸，去鳞，腹实肥肉醭料，同吹沙制。烹鲫用鳞，多仿此。

【译】将鲫鱼整治干净，先刷洗鱼鳞，把鲫鱼用绢袋盛好浸在水中，水要烧几开，去掉鱼鳞，鱼肚内填实肥肉酱料，同吹沙鱼的做法。煮鲫鱼时要有鳞，大多仿照这种方法。

法制鲫鱼

用鱼治洁，布浥令干，每斤红曲坫一两，炒盐二两，胡椒、川椒、地椒、莳萝各一钱，和匀，实鱼腹令满。余者一重鱼，一重料物，置于新瓶内，泥封之，十二月造。正月十五日取出翻转，以腊酒渍满，至三四月熟，留数年不馁。

【译】将鲫鱼整治干净，用布蘸干鱼身的水分，每斤鲫鱼用一两红曲、二两炒盐、一钱胡椒、一钱川椒、一钱地椒、一钱莳萝拌和匀后填实鱼肚，剩下的料物即一层鱼一层料物，放在新瓶内，用泥封闭瓶口，要在十二月时制作。到了正月十五取出来翻转，再用腊酒将瓶灌满，直到三四月时鲫鱼就做好了，保存数年不会变质。

河豚

宜日暴，宜酱烧、清烧。同鲤鱼。

烹河豚

二月，用河豚剖治，去眼，去子，去尾鬣^①、血等，务涤甚洁，切为轩。先入少水，投鱼烹过熟。次以甘蔗、芦根制其毒，荔枝壳制其刺软。续水，又同烹过熟，胡椒、川椒、葱白、酱、醋调和。忌埃墨^②、荆芥。人传西施乳为珍，洪驹父诗云："蒌蒿短短荻芽肥，正是河豚欲上时。甘美远胜西子乳，吴王当日未曾知。"修治不如法，有大毒。谚云：眼酸子胀血麻人。

【译】二月的时候，将河豚剖开整治，去掉眼、子、尾、鳍、血等，一定要洗得非常干净，切成大片。锅中先加入少许水，下入河豚煮至熟透。再加入甘蔗、芦根消除河豚毒，加入荔枝壳使鱼刺变软。再续水，一同煮至熟，加入胡椒、川椒、葱白、酱、醋调和味道。煮河豚忌碰烟灰、荆芥。

---

① 尾鬣（liè）：指鱼的尾和鳍。

② 埃墨：烟灰。

鳅①

宜日暴，宜料烘，宜熏。

炙鳅

梁米异炰②鳅不绝于口。

六七月间，得肥大者治洁，击解其骨，先熬油杂爁汁，同鳅烹熟，为铁条架油盘中，取汁渐沃，炙透彻干香为度。宜蒜、醋。

【译】在六七月的时候，将得到的肥大的泥鳅整治干净，敲击解开鱼骨，先烧油掺入爁汁，将泥鳅煮熟，拿铁条架在油盘中并放上泥鳅，取汤汁慢慢浇在上面，将泥鳅烤至肉干透且味香为止。适合加些蒜、醋。

鳗鲡③

宜日暴，宜糟，其鲜洁者临用剖，宜油煎。

酱沃鳗鲡

用必活者，先以灰浥去腥漦④里之切，治去肠，界寸脔犹属之。取胡椒、缩砂仁、酱、赤砂糖沃一时，用冬瓜或茄子、藕、芋魁大切片，布锅中，置鳗鲡于上，纸封锅盖，烧

---

① 鳅（qiū）：泥鳅。

② 炰（páo）：烧烤。

③ 鳗鲡：鱼类，为鳗鲡科的其中一种鱼类。似蛇，但无鳞，一般产于咸淡水交界海域。

④ 漦（chí）：涎沫。

熟。宜蒜、醋。

【译】取一鲜活的鳗鲡，先用灰泡去腥，用刀划开，去掉肠，切成寸块。取胡椒、缩砂仁、酱、红砂糖将鳗鲡腌渍一个时辰，将冬瓜或茄子、藕、芋头切成大片，铺在锅中，将鳗鲡放在上面，用纸将锅封闭，把鳗鲡烧熟。适合加些蒜、醋。

辣烹鳗鲡

同吹沙制。加赤砂糖，和物宜冬瓜、茄子。

【译】（略）

鳝①

蒜烧鳝

用鳝入水锅中，杂以稻秆数茎，炀火水热，令自走退外肤，别易水烹烂，嫠音狸分为脍，投热油内，少以白酒浇之，以盐、花椒、葱头、蒜囊调和，或再取蒜泥、醋浇。

【译】将鳝鱼放入水锅中，加入数茎稻秆，用大火将水烧热，鳝鱼自动脱落外皮，再换水将鳝鱼煮烂，用刀划开并切成丝，下入热油内，浇入少许白酒，用盐、花椒、葱头、大蒜调和味道，或再浇上蒜泥、醋。

糊鳝

用鳝同前嫠脍，先熬油炒，投鸡鹅肥汁中，再烹，加酱

___

① 鳝：鳝鱼，江淮人称"黄鳝""长鱼"。

调和，取起，掺以干姜坋，和以芼熟韭。

【译】同前面方法，将鳝鱼用刀划开并切成丝，先烧油炒制鳝鱼，再下入鸡、鹅肉汤中，再煮，加酱调和味道，起锅，掺入干姜拌和，和入焯熟的韭菜。

凡江、河、池、湖鱼，宜淡醋，多用甘草。《墨娥小录》云："凡烹河鱼，先放在冷水中却烧火则骨软。海鱼先调熟汁却入鱼则骨硬。"又云："烹时加楮①少许在内，不腥。"倪云林云："治鱼无骨，将疏绢反卷鱼肉向外，就沸汤中渐摆，骨从绢眼中拔去。"

【译】（略）

油煎：治鱼微腌，熬油煎熟。有用鱼先酒烹而后油煎。有用鱼薄破脿，盐、酒渰少时油煎。有用鱼至小少骨者，用鸡、鸭卵同淅米清水调面染之油煎。《广韵》曰：煮煎食曰五侯鲭②，始于娄护会于五侯，致奇膳，护合以为鲭也。鲭，诸盈切。

【译】油炸法：将整治好的鱼微腌，在热油中炸熟。有的将鱼先用酒煮再用油炸制。有的将鱼切成薄片，用盐、酒腌渍一会儿后再用油炸制。有的将小而刺少的鱼蘸用鸡蛋、鸭蛋同淘米清水与面调的面糊，再用油炸制。

---

① 楮：何意不详。

② 鲭（zhēng）：鱼跟肉合在一起的菜。

煎馈：治鱼微煎，以酱、酒水、川椒、胡椒、葱白调和。

【译】煎馈法：将整治好的鱼微煎，加入酱、酒水、川椒、胡椒、葱白调和味道。

糟：治鱼涤洁微暴，水收，每醋子糟一斤炒盐二两、熟油四两。用椒、长葱和鱼入瓮，封。用置器蒸。视所宜细切脍，水调鸭卵，花椒、葱白同蒸。有覆藉以猪脂蒸，或油煎，或煮压糕。

【译】糟法：将整治好且洗干净的鱼微晒，水收，每一斤醋子糟用二两炒盐、四两熟油。加入花椒、长葱和匀鱼放入瓮中，封闭瓮口。将鱼放在容器里进行蒸制。根据需要将鱼切成丝，用水调和鸭蛋液，加入花椒、葱白一同蒸熟。有的用猪油衬底进行蒸制，或者油炸，或者煮熟后用模具压成糕。

风：用鱼带鳞治去脏，每斤炒盐六钱，腌二三宿，涤，眼去水。腹中实以猪脂肪醢，用葱白、盐，挫针缝密，倒悬于寒风中戾。有用棉纸苴之而戾，用蒸。

【译】风法：将鱼带鳞整治好并去掉内脏，每斤鱼用六钱炒盐，腌渍两三夜，洗干净，晾去水分。在鱼肚中填实猪脂肪酱，加入葱白、盐，用针缝严实剖开的地方，将鱼倒挂在寒风中风干。有的用棉纸包裹后风干，临用时蒸制。

熏：治鱼为大轩，微腌，焚砻谷糠，熏熟燥。治鱼微腌，油煎之，日暴之，始烟熏之。

【译】熏法：将整治好的鱼切成大片，微腌，点燃砻过的谷糠，用烟将鱼熏至熟且干。将整治好的鱼微腌，用油炸制，在阳光下晒制，然后用烟熏制。

鲜烘：用鲜洁鱼，不去鳞，从腮间抠去肠、肚，抹洁，置炼火上，烘绝燥。《汉书·货殖传》曰："干鱼不盐曰鲰①。"鲰，音陬。

【译】鲜烘法：将新鲜干净的鱼不去鳞，从鳃间抠去肠、肚，擦干净，放在炭火上，烤制烘非常干。

料烘：用鱼治去鳞，坋地椒、花椒、莳萝、大茴香，每斤炒盐六钱，熟油同挼，停三四时，炼火烘燥，纸苴之，收。

【译】料烘法：将鱼去掉鳞，用拌和的地椒、花椒、莳萝、大茴香、炒盐（每斤鱼配六钱炒盐）、熟油一同搓揉，放三四个时辰，再在炭火上烤干后用纸包裹，收贮。

火：取鱼治洁，同猪。有纸封酒糟于腹，用煮。

【译】火法：将鱼整治干净，同火猪的做法。有的用酒糟填入鱼肚，再用纸封闭严实，临用时煮制。

曝：治鱼，每斤盐一两或六钱，腌一日，涤，晾水，收。以油、花椒、葱挼，烈日中布苇箔上，暴燥。用则火炮或蒸，或破膜，川椒、酒浥，蒸或油煎。有乘烈日中，淡鲅复州界以竹，贯鱼为干曰鲅。鲅，音怯。而暴之。有微腌，

---

① 鲰（zōu）：小鱼。

遂暴之。有薄骳暴之，揉如摩絮。《礼》曰："膹①，曰藁鱼。"膹，音搜。

【译】曝法：将鱼整治干净，每斤鱼用一两或六钱盐腌渍一天，洗净，晾去水分，收起。用油、花椒、葱揉搓鱼，在烈日中将鱼放在苇箔上，晒干。鱼临用时，用火爆或蒸制，或者将鱼切成薄片，用川椒、酒腌，再蒸熟或油炸。有的将鱼放在烈日中，晒成淡鱼干。有的将鱼微腌，然后再晒干。有的将鱼切成薄片晒干，再揉成像揉搓过的棉絮。

窨干：治鱼，以鱼叠于器内，每百斤计盐二十斤，停三四日，置日间微曤，水去，收窨中，芦竹藉也，复加盐叠二三日，沥水，尽入器。用或油煎、或烹、或蒸、或糟。《周礼》曰鲍。

【译】窨干法：将整治好的鱼码放在容器内，每百斤鱼用二十斤盐腌渍三四天，放在阳光下微晒，水分没了收贮在地窨中，用芦竹衬底，再加盐放置两三天，沥去水分，全部放入容器中。临用时可以油炸、煮制、蒸制、糟制。

为鲊：同鳔鱼。

【译】（略）

为生：取活鱼治洁，去皮绝薄为鰈，或绝细为脍，移棉纸间，收尽鱼水，和蒜片、桔皮丝或白萝卜丝，酽醋渍用。《隋唐佳话》曰："金齑玉脍。"

---

① 膹（sōu）：干鱼。

【译】为生：取活鱼整治干净，去掉皮，切成极薄的片，或者切成极细的丝，放在棉纸里，收干鱼肉表面的水分，和入蒜片、橘皮丝或白萝卜丝，用浓醋腌渍后用。

梭鱼

出六合县龙池。

同鲋鱼。

【译】（略）

酥鱼

出徽州。

干用，宜醋。

【译】（略）

花鳅

形甚小，无骨，出宁国县。

宜辣烹，烘料。

【译】（略）

孩儿鱼[①]

出伊洛间。《本草》曰："儿鱼。"

义有嘉鱼，鲤质鳞肌肉甚美，出于沔南之丙穴。

宜煎馈，辣烹。

【译】（略）

---

① 孩儿鱼：也称"娃娃鱼"。

大口鱼

出朝鲜国。

宜水渍柔，辣烹。

【译】（略）

龙脯

出大琉球国①，体如松节，味似干虾。

宜海胆汁同食之味佳。

【译】（略）

◎ 鱼制外有贩鬻②者 ◎

银鱼干

有大小，出各湖。

宜酒、花椒、葱沃之蒸。宜油炒同韭。宜酒烹。同冬瓜、鲜竹笋。宜染调为煎。宜为羹。

【译】银鱼干适合用酒、花椒、葱腌渍后蒸制。银鱼干同韭菜用油炒。银鱼干适合用酒烹。银鱼干同冬瓜、鲜竹笋烹制。银鱼干适合蘸糊炸制。银鱼干适合做羹。

---

① 大琉球国：古国名。

② 鬻（yù）：卖。

烘鱼

出台州，多石首鱼。

宜水渍柔，辣烹，同鲜竹笋菜。宜入羹。

【译】烘鱼适合用水泡软，再辣烹，同鲜竹笋做菜。烘鱼适合下入羹中。

白鲞

出宁波，建瓯者上，爵溪①者次，即石首鱼。

宜炮，宜烹，用醋。宜入羹，同鲜竹笋菜、豆腐。

【译】白鲞适合爆炒，适合加醋煮制。白鲞适合下入羹中，一同下鲜竹笋菜、豆腐。

◎ 鱼身外有别制者 ◎

鲥鱼子、鲳鱼子、鳓鱼子

《国语》曰："鱼子，曰鲕。"

用盐腌，烈日中布新瓦上，暴燥。用蒸，宜醋。

【译】将鱼子用盐腌渍，放在新瓦上在烈日下晒干。临用时将鱼子蒸制，适合放些醋。

鲨鱼子干

宜蒸，用醋。

【译】（略）

---

① 爵溪：在今浙江宁波。

明脯须干

即虾。

宜烹熟，用熟油醋。

【译】（略）

鲨鱼鳍干①

宜蒸，用醋。

【译】（略）

冻鱼尾干

宜蒸，用醋。

【译】（略）

腌鱼子膘

昆眇切。

宜醋。

【译】（略）

凡有鳞属，皆视以上所宜制。

【译】（略）

---

① 鲨鱼鳍干：鱼翅。

虫属制

《月令》《家语》："鳞、羽、蠃、毛、介皆虫也。"

今属非特介虫，依《本草》皆曰虫。蠃，音裸。

鳖

《尔雅》云："鳖三足者名能。能，奴来切。"

鼋

同鳖制。

烹鳖

至冬宜食。《庄子》曰："冬则擉①鳖于江。

尾短者母鳖，多卵。"擉，初朔切。二制。

先取生鳖，杀出血，作沸汤，微焯，涤退薄肤，易水烹
糜烂，解析其肉，投熟油中，加原汁清者再烹，用酱、赤砂
糖、胡椒、川椒、葱白、胡荽调和。

先焯涤，先斫为轩，同前，再烹调和。和物宜薹、笋、
熟栗、熟菱、绿豆粉片。

【译】先取鲜活的鳖，杀后放血，烧开水，将鳖微煮，
洗净并煺去表面的薄皮，这样容易用水烹烂，取鳖肉并下入
热油中，加入澄清的原汤再煮制，用酱、红砂糖、胡椒、川

---

① 擉（chuò）：刺，叉。

椒、葱白、香菜调和味道。

先将鳖微煮后洗净，将肉切成片，同前面方法，再煮制并调和味道。适合加入的食材有蕈、笋、熟粟、熟菱、绿豆粉片。

炰鳖

二制。

同前制。去肤，宽用甘草、葱、酒、水烹熟，刳去肺、肠，内外烦揉以葱、川椒、胡椒、缩砂仁，坋酱、熟油、赤砂糖。锅中再熬香油，取新瓦砾藉其甲炰之频沃以酒，香味融液为度。

有轩之渳盐、酒，入油炰。

【译】同前面的做法。将鳖洗净并煺去表面的薄皮，多用甘草、葱、酒、水来煮熟，剖开并去掉肺、肠，里外用葱、川椒、胡椒、缩砂仁多揉揉，涂抹上酱、熟油、红砂糖。锅中再熬香油，取新的瓦片衬底，上面放上鳖甲烧制并频繁浇上酒，直至香味融入汤汁中为止。

有的将鳖肉切成大片，再用盐、酒腌渍，下入油中爆熟。

鲮鲤

又名川山甲①。

治去皮、甲、肝、肠，盐腌二三宿，水烹之。

【译】将穿山甲去掉皮、甲、肝、肠整治干净，用盐腌

---

① 川山甲：应为"穿山甲"。

两三夜，再用水煮熟。

蛙

又名田鸡。《周礼》蝈氏："掌去蛙黾^①，焚牡菊^②以灰洒之则死。"

山鸡

形甚大，性寒，同制，食宜烧酒，宜油煎。同鱼，或先以盐酒、以酱沃之。宜糟，同鱼，宜为羹。

酒烹田鸡

治去首、肤、肠、爪，同前鱼。

【译】将蛙去掉头、皮、肠、爪整治干净，同前面鱼的做法。

辣烹田鸡

同前鱼，不腌，或先熬油炒。

【译】（略）

田鸡饼子

同前猪肉饼，杂以肥猪肉，几^③上斫细甚为醢。或瀹以辣汁，或浇以芥辣。

---

① 黾（měng）：古书上说蛙的一种。

② 牡菊：牡鞠，指菊之无子者。

③ 几：几案。

【译】同前面做猪肉饼的方法，掺入肥猪肉，在几案上将肉剁成极细的肉酱。或者用辣汁浸泡，或者浇上芥辣汁。

熏田鸡

同前鱼。

【译】（略）

烘田鸡

治连肤，每斤盐四钱，腌一宿，涤洁，炼火烘燥，用则温水渍润，退肤，辣烹。

【译】将蛙带皮整治干净，每斤蛙用四钱盐腌渍一夜，再洗干净，用炭火烤干。用时，将蛙用温水泡软，去皮，再辣烹。

腌田鸡

治洁，每斤用盐一两，腌一宿，暴日中。夜晴则露之，色白，复暴燥，收。

【译】将蛙整治干净，每斤蛙用一两盐腌渍一夜，在阳光下晒制。在夜晚晴天的时候将蛙用露水打，颜色变白后再晒干，收贮。

沃田鸡

治洁，用桂皮、白芷、鲜紫苏叶为末，同油、酱沃一时，少水烹熟，暴燥。

【译】将蛙整治干净，用桂皮、白芷、鲜紫苏叶研成末，同油、酱将蛙腌渍一个时辰，取出用少许水煮熟，再晒干。

田鸡炙

治涤俱洁，将酱、赤砂糖、胡椒、川椒、缩砂仁粉沃之少顷，入熬油中烹熟，置炼火上纸藉炙燥。

【译】将蛙整治干净，将酱、赤砂糖、胡椒、川椒、缩砂仁粉调匀后将蛙肉腌渍一会儿，再放入热油中烹熟，取出放置炭火上（用纸衬底）烤干。

田鸡豉

同猪。连用其骨。

【译】（略）

虾

海丰县出土虾，肉色黑，大小如儿臂，长四五寸，有腹无咀，有三十足如笄簪[①]。

青虾海中产，今曰对虾。六制。

龙虾出福建。同制。

鲜者，盐水烹熟，宜醋。

烹熟，暴燥。

暴燥，辣烹。

入羹。

倪云林用皱，川椒、盐、酒渍，少焯。

---

① 笄（jī）簪（zān）：古代束发用的簪子。

为豉，同田鸡。

【译】（略）

白虾

海中产。四制。

鲜者去须，盐淹片时，涤洁，布食器中，掺末川椒，取其须等，入水，同白酒烹，甘草、葱、盐、醋调和，浇一二次用。

止前白沸酒浇之。

和盐蒸熟，暴燥。

俱入囊。

【译】（略）

虾腐

脱大虾头捣烂，水和，滤去渣，少入鸡、鸭子调匀。入锅烹熟，取冷水泻下，俱浮于水面。捞直绢布中，轻压去水，即为腐也。其脱肉几上斫绝细醢，和盐、花椒，浥酒，为丸、饼，烹熟，置腐上。撷鲜紫苏叶、甘草、胡椒、酱油调和，原汁瀹之。或姜汁、醋浇之。或入羹。

【译】将大虾头去掉并捣烂，用水调和，滤去渣滓，加入少许鸡蛋或鸭蛋调匀。将虾茸入锅煮熟，取冷水倒入，虾茸便浮在水面。捞出用绢布包裹，轻压去水，便成虾腐。将肉放置几案上剁成肉酱，和入盐、花椒，用酒湿润，做成丸或饼，煮熟，放置虾腐上。将摘来的新鲜的紫苏叶和甘草、胡椒、酱油调和，用原汤浸泡。或者将虾腐浇上姜汁、醋吃。或者将虾腐入羹。

油炒虾

二制。

先入熬油中炒熟，酱、醋、葱调和。

惟以盐。

【译】（略）

盐炒虾

用虾投水中，用盐烹熟，宜醋。烹熟之取，水淋洁，暴燥，挼去壳为虾尾，色常鲜美。宜黄瓜丝，用蒜、醋。宜油炒，用韭头。宜为羹，用豆腐。

【译】将虾投入水中，加盐煮熟，适合放醋。将煮熟的虾取出，用水淋干净，晒干，揉搓掉虾壳和虾尾，颜色非常鲜美。虾肉适合加黄瓜丝，用蒜、醋调味。虾适合用油炒，要加入韭菜头。虾适合做羹，要加入豆腐。

生暴虾、绵虾海中产。同制。

用鲜大虾置热日中一日，暴使燥。蒸，宜醋。

【译】将新鲜的大虾放置烈日中晒制一天，将虾晒干。再进行蒸制，要加些醋。

生酱虾

用鲜大虾，同末花椒、酱油中渍熟，宜醋。

【译】（略）

生酒虾

用大虾每斤先以盐五钱腌半日，沥干置瓶中，每层杂川椒数颗，以醇酒化盐，每斤二两五钱，没之，泥涂瓶口，俟十余日熟。

【译】每斤大虾先用五钱盐腌制半天，沥干水分后放在瓶中，每层虾掺入几颗川椒，再用醇酒化盐，每斤虾二两五钱盐，将虾淹没，用泥涂瓶口封闭，等十多天后虾即熟。

生腌虾

用鲜大虾每十斤盐一斤，腌叠之，泥封一月俟熟，宜醋。其绝细者，今日曰虾酱。

【译】将新鲜的大虾每十斤用一斤盐，一层虾一层盐放入容器中进行腌制，用泥封一个月后便熟，可以加些醋。将虾剁得非常细的，今天称为虾酱。

望潮①

即章举，一种石距相类，同制。

《本草》云："味珍好，食品所贵重。"

鲜宜微焆，胡椒、醋浇。宜辣烹。宜为羹。宜糟。用蒸。

【译】（略）

---

① 望潮：章举。一种蟹类动物。壳白色。

水母

即海蜇，又名蛇。

谢宗可诗："海气冻凝红玉脆，天风寒结紫云腥。"

蛇，除嫁切。

治洁入筐筥中，沥去其水，以井水复涤，令洁。粉明矾同盐揉，入瓮，有宽汁，令满渍之。用切脍，花椒、醋浇。鲜宜用汤煤，入熟油、胡椒、醋。宜油炒，入花椒、葱。宜糟，用头。宜醋。明矾扮一斤折鲜水母十二担。

【译】将海蜇整治干净后放入竹筐中，沥去水分，用井水再洗干净。将明矾粉同盐拌和后揉搓海蜇，放入瓮中，多加汤汁，将瓮灌满浸泡海蜇。临吃时，将海蜇切成丝，加入花椒、醋。鲜海蜇适合用热水微煮，加入熟油、胡椒、醋。海蜇适合用油炒制，加入花椒、葱。海蜇适合糟制，要用海蜇头。海蜇适合加醋。

黄甲

即蝑[1]，宜酒烹。同鱼。

宜烘，同鱼。不用鲜，宜糟，同鱼。用熟者，击裂其螯。

取生者裁竹针从脐内贯入腹，架锅中少水蒸熟，肉始嫩。刀蟹去须，抹去泥沙。宜姜、醋。

【译】取生的梭子蟹，将裁好的竹针从蟹脐内插入腹中，架在锅中用少许水蒸熟，蟹肉很嫩。用刀剁掉蟹须，抹

---

[1] 蝑（xún）：俗称青蟹、梭子蟹。

去泥沙。吃蟹时适合加些姜、醋。

白蟹

壳之两端皆锐。傅肱《蟹谱》谓之虫节。宜糟。

蒸白蟹

同黄甲，蒸不贯脐。宜姜、醋。

【译】（略）

螃蟹

按《本草》以蟳即蝤蛑①。

《蟹图》云："蟹巨者名曰蝤蛑，两螯有苔。

今名蟳者，螯滑，非蝤蛑也。"故从《蟹图》。

霜后则肥。皮日休曰："蟹因霜重金膏涩。"

烹蟹

冷水烹，揭锅盖则青色。宜桔钱、姜、盐、醋。倪云林
用生姜、桔皮、紫苏、盐同烹。

【译】（略）

烧蟹

蒸附。

当蟹口，刀开为方穴，从腹中探去秽，满纳酱、花椒、
葱，口向上布锅内，筐亲于锅，炀者举大，时以油从锅口浇

---

① 蝤（yóu）蛑（móu）：梭子蟹。

落少许，复以白酒薄调花椒、葱、酱，渐浇于锅。俟熟，不令有焦。有纳屑猪脂肪、葱白、花椒、盐，架锅蒸。俱宜姜醋、橙醋。黄山谷诗云："忍堪支解见姜橙。"

【译】在蟹嘴的地方用刀开成方孔，从蟹腹中探进去掉污秽，里面填满酱、花椒、葱，将蟹口向上铺在锅内，将盛蟹的筐贴近锅底，火要弄得旺一些，经常用少许油从锅口浇进去，再用少许白酒调和花椒、葱、酱，慢慢浇入锅内。等蟹熟，不要有焦糊。有的在蟹腹内填入猪脂肪末、葱白、花椒、盐，架在锅中蒸制。都适合加些姜醋、橙醋。

芙蓉蟹

用蟹解之，筐中去秽，布银、锡、砂锣中，调白酒、醋水、花椒、葱、姜、甘草，蒸熟。

【译】将蟹分开，在筐中去掉污秽，放置银、锡、砂锣中，调入白酒、醋水、花椒、葱、姜、甘草，将蟹蒸熟。

玛瑙蟹

三制。

用蟹烹解脱其黄、肉，水调绿豆粉少许，烦揉以鲜乳饼，同蒸熟。块界之，以原汁、姜汁、酒、醋、甘草、花椒、葱调和，浇用。

倪云林惟用鸡子、蜜蒸之。

用辣糊。

【译】将蟹煮后剁开并分离出蟹黄、蟹肉，用水调入少许绿豆粉，加入频繁揉搓碎的鲜乳饼，一同蒸熟。切成块，用原汁、姜汁、酒、醋、甘草、花椒、葱调和味道，浇上食用。

倪云林只用鸡蛋、蜜蒸蟹。

用辣糊煮蟹。

五味蟹

用蟹团脐者，每六斤入瓮一层，叠葱、川椒一层，取酱一斤、醋一斤、盐一斤、糟一斤，酒不拘算，薄调渍没蟹为度。熟宜醋。

【译】选取母蟹，在瓮中码一层蟹，再码一层葱、川椒，每六斤蟹用一斤酱、一斤醋、一斤盐、一斤糟，酒不算计数量，慢慢倒入瓮中，直至将蟹淹没为止。蟹熟后适合放些醋吃。

酒蟹

三制。

用团脐者，从脐尽实腹中以捣蒜泥、盐。

实以坋花椒、屑葱，俱以白酒醅，用盐、花椒、葱渍之。宜醋。

《蟹谱》酒蟹须十二月间作于酒瓮间，不得近糟，和盐浸蟹一宿，却取出于厣①中，去其粪，重入椒、盐讫，叠净器中。取前所浸酒，更入少新撇者，同煎一沸，以别器盛之，隔宿候冷，倾蟹中，须令满。

---

① 厣（yǎn）：蟹腹下面的薄壳，即脐。

【译】选取母蟹，从脐的尽头往腹中填实捣好的蒜泥、盐。

将蟹用花椒、葱末拌匀后填实，加入白酒醅，用盐、花椒、葱腌渍。适合加些醋吃。

《蟹谱》中记载酒蟹要在十二月间里制作，在酒瓮里做，不要靠近糟，和入盐将蟹浸泡一夜，再取出蟹去掉脐中的粪，将蟹再加入花椒、盐后码放在干净的容器中。取前面泡蟹的酒，再加入少许新撒出的酒，一同煮一开，用另外的容器盛起，隔一夜晾凉后倒入蟹中，一定要将酒灌满。

油炒蟹

用蟹解开，入熬油中炒熟，盐、花椒、葱调和。

【译】（略）

糟蟹

二制。

取熟蟹去脐，过冷，入糟。宜醋糟，同鱼。

用生蟹团脐者，每斤先以炒盐四两腌之，次以白酒醅沸稍干。每蟹一层，醅一层，入瓮。泥涂其口，勿见火，藏可数月。

【译】将熟蟹去掉脐，晾凉，加入糟。适合用醋糟，同鱼的做法。

将鲜活的母蟹，每斤蟹先用四两炒盐腌渍，再将白酒醅过滤并稍干。将蟹码入瓮中，一层蟹，一层醅。用泥涂抹瓮口，不要见火，可以存放几个月。

酱蟹

二制。

熟蟹去脐，以原汁俟冷，调酱渍之。

生蟹团脐者，惟以酱油渍之，可留经年。宜醋。《墨娥小录》云："熬香油入酱中，可久留不沙涩。"

【译】将熟蟹去掉脐，用晾凉并调入酱的煮蟹原汤来腌渍。

将鲜活的母蟹只用酱油来腌渍，可保存一年。适合加些醋吃。

蟹胥①

《礼》注曰："胥，醢也。"二制。

用蟹去筐脐秽，捣糜烂，同酱、胡椒、花椒、缩砂仁坋和，熟。用裁绢为小囊括之。宜醋。

有和酒醅、盐。

【译】将蟹在筐中去掉脐及污秽，捣至糜烂，加入酱、胡椒、花椒、缩砂仁等粉拌和匀，制熟。用裁好的绢布包成小包并扎好。适合加些醋吃。

有的将捣碎的蟹酱和入酒醅、盐。

———————————

① 蟹胥：蟹酱。

蟛蚏①

一种沙蟹，亦滑螯，一大一小，体性柔和，味俱甘肥。

又非拥剑②。《蟹图》未及之也。

宜生糟，用醋。宜捣胥，同蟹。用醋，宜同《蟹谱》酒蟹制。

【译】（略）

涩蟹

至小而色白，性柔而肥。《本草》曰："蟹奴。"

陶谷谓蟛蚏，一蟹不如一蟹，未尝见此也。

宜生糟，同醋。

【译】（略）

鲎③

小者为鲎，宜用大者。

韩文公④诗曰："鲎实如惠文，骨眼相负行。"

用刀当其背剖之，取足内向者去其肠，切为轩，以胡椒、川椒、葱、酱、酒渑，藉以原壳，入甑蒸，其水别入锅烹如腐。宜浇以胡椒、醋。腌《酉阳杂俎》曰："鲎酱。"宜醋。

---

① 蟛（péng）蚏（yuè）：古书上说的一种小螃蟹，可食。

② 拥剑：一种两螯大小不一的蟹。因其大螯利如剑，故称。

③ 鲎（hòu）：节肢动物，头胸部的甲壳略呈马蹄形，腹部的甲壳呈六角形，尾部呈剑状，生活在浅海中。俗称鲎鱼。

④ 韩文公：韩愈。唐代文学家。

【译】取足内向的鲎，用刀在背部剖开，去掉肠，切成大片，用胡椒、川椒、葱、酱、酒腌渍，用鲎原壳衬底，入甑中蒸熟，蒸出的水再放入别的锅煮成腐。适合浇上胡椒、醋吃。适合加些醋吃。

蛎房①

《本草图经》云："海族之最可贵者冬蠓。"

杨诚斋诗云："怀玉深藏万壑间。"

烈火煏②开，挑其肉，浇以川椒、醋。腌，宜醋。

【译】（略）

蚶

《本草》曰："瓦垅。"

宜酱油渍，同蟹。宜为羹。垅，力竦切。

烹蚶

先作沸汤，入酱油、胡椒调和，涤蚶，投下，不停手调旋之，可拆遂起，则肉鲜满。和宜潭笋③。

【译】先烧开水，加入酱油、胡椒调和，将蚶洗干净，投入汤中，不停地搅动，能达到蚶可拆开便捞起，蚶肉满且鲜。可以和入冬笋。

① 蛎房：指簇聚而生的牡蛎。因牡蛎附石而生，联结如房，故称。

② 煏（bì）：用火烘干。

③ 潭笋：冬笋的别名。

酒蚶

涤洁入瓮，调生酒浆、熟油、炒盐、川椒、葱白渍之。

【译】将蚶洗干净放入瓮中，调入生酒浆、熟油、炒盐、川椒、葱白进行腌渍。

蛤蜊宜烹，方张口，内熟油、酱、花椒烧。

蛏[①]、石决明又名鳆鱼。鳆，音伏。

白蚬、白蛤苏东坡《松醪赋》曰："蛤半熟以含酒。"

车螯之类

清烹

先养释米水中一二日，令吐尽沙泥，作沸汤，调白酒、川椒、葱白投下，旋动不停手，方张口，即取起，剥肉鲜嫩而满。

【译】先将食材在淘米水中养一两天，使它们吐出全部的泥沙，烧开水，调入白酒、川椒、葱白，将食材投入，不停地搅动，食材才张开口，便捞起，剥开后肉满且鲜嫩。

为鲊

投沸汤中调旋张口，取以剥肉，用原汁濯去泥沙沥去水，以熟油、盐、醋、碾炒熟芝麻和之。宜取肉辣烹，同鱼，加以面、糁。宜取肉油、盐炒，酒烧。宜取肉为羹。

① 蛏（chēng）：贝类动物。

宜生者以冷盐汤渍其张口，取肉濯去泥沙沸去水，酒浆、熟油、川椒、葱白再渍之，用醋。宜生者涤洁，以酱油渍，用醋。

【译】将食材投入开水中搅动使其张口，取出剥下肉，将原汤洗去泥沙挤干水，用熟油、盐、醋、碾过的炒熟芝麻调和匀。适合将食材取肉进行辣烹，同鱼的做法，加些面、谷物碎粒。适合将食材取肉用油、盐炒，再用酒烧。适合将食材取肉做成羹。适合将生的食材用凉的盐水腌渍使其张口，取肉，去掉泥沙挤干水，用酒浆、熟油、川椒、葱白再进行腌渍，加些醋。适合将生的食材洗干净，用酱油腌渍，吃的时候加些醋。

咸蛏

作沸汤投之，滴香油数点，肉自脱下。宜和猪肉醢料，为汤饼馅。宜入羹。宜酒渍，同蚶。宜酱油渍。宜为鲊，同蛤蜊。

【译】烧开水并投入蛏，滴入几滴香油，蛏肉自行脱下。蛏肉适合和入猪肉酱料，做成汤饼馅。蛏肉适合做羹。蛏肉适合用酒腌渍，同蚶的做法。蛏肉适合用酱油腌渍。蛏肉适合做成鲊，同蛤蜊的做法。

淡菜①

牛翰林曰："君子安知淡菜非雅物也。"

涤洁，作沸汤微烀，剖其肉，除边锁及毛，调和胡椒、川椒、葱、酱油、醋为汁用之。干者宜入羹。

【译】将海虹洗干净，烧开水后微煮，剖开肉，除去边、毛，将胡椒、川椒、葱、酱油、醋调和成汁，蘸汁吃。干海虹适合做羹。

虿②即蚶，音劫。脚

鲜宜辣烹。宜入羹。腌宜醋。

【译】（略）

将军帽

鲜宜辣烹，腌宜醋，糟宜醋。

【译】（略）

江瑶柱③

即马甲柱。郭景纯赋："每月如镜。"

其柱如搔头大。一名江珧柱。二制。

取生肉酒涤洁，细丝如箸头大，沸热酒烹食之。

细作缕，生和胡椒、醋、盐、赤砂糖冷食之。倪云林

---

① 淡菜：海虹，贻贝科动物的贝肉，也叫青口，雅号"东海夫人"。

② 虿：又写作蚶，即石蚶。《南越志》曰："石蚶形如龟脚，得春雨则生华，华似草华。"

③ 江瑶柱：俗称干贝、干瑶柱、江珧柱、马甲柱。撬开一个江瑶只得指尖大小的干贝，在古时是进贡皇室的珍品。其因味道鲜美被列作"海八珍"之一。

作假江瑶柱，用江鱼背肉作长条子，每个取六块，如江瑶柱状，盐、酒渑，蒸，以余鱼肉熬汁，鱼头去骨，取口颊，金红色亦尾煮。

【译】取生江瑶肉用酒洗干净，切成细丝像筷子头一样大，酒煮开将江瑶煮熟吃。

将江瑶切成细丝，生的时候和入胡椒、醋、盐、红砂糖凉着吃。

泥螺
又名土铁。

鲜宜醋。腌者复糟，宜醋。

【译】（略）

蛼
音速。

腌宜醋。

【译】（略）

蜃
步项切，《尔雅》之蜃①。

登州有海市，云蜃吐气成楼台也。蜃，市刃切。

预以释米水养之，吐出泥沙，生䟎，油、酱、胡椒烹。

【译】先将蛼养在淘米水中，让它吐出泥沙，生着切成大片，用油、酱、胡椒烹熟。

---

① 蜃（shèn）：大蛤蜊。

螺蛳、田螺、蓼螺

俱养释米水中，去泥沙。螺蛳烹取肉。辣烹用糁，宜盐水烹。取肉用胡椒、醋。倪云林取田螺生破，沙糖浓渍，饭顷洗洁，以花椒、葱、酒再腌鸡汁，曝。《本草》曰："蓼螺辣如蓼，生食以姜醋。"

【译】将螺蛳养在淘米水中，去掉泥沙。将螺蛳煮后取肉。将螺蛳用谷物碎粒辣烹，也适合用盐水煮。取螺蛳肉加胡椒、醋吃。

黄蛤

宜为鲊，同蛤蜊。宜为羹。海出者，宜酱，同蛤蜊。

预养释米水中，去土气，取水烹。宜油、盐、酒、花椒、葱头调和。

【译】先将黄蛤养在淘米水中，去掉土气，用水煮熟。可以将油、盐、酒、花椒、葱头调和成料汁。

海蛳

盐水烹熟，宜醋。

【译】（略）

蛏鼻子

出扬州。蛏有长鼻，能自截如刀切小方脔。

腌宜醋。

【译】（略）

虾子

盐水渍，炒干。宜醋。

【译】（略）

蟹子

同虾子，宜醋。

【译】（略）

鲎子

腌宜醋。

【译】（略）

凡有虫属，皆视上所宜制。

【译】（略）

卷

五

菜果制

齑

二十二制。

酸齑：用老白菜在半沸汤中微芼，入瓮，以菜汤同少醋浇菜上，重压垫之。用切菹，宜和炒熟芝麻、芜婆①、生姜、芹菜、鲜竹笋，皆可为之。

用菜细切菹，并白胡萝卜条，米汤中同微芼浸压。凡微芼用筐筥盛入汤。后多仿此。杨廷秀《芹齑》诗曰："蟹眼嫩汤微熟了。"

【译】酸齑的做法：将老白菜在半开的水中微焯，放入瓮中，用菜汤加少许醋浇在菜上，用重物压上。临用时将老白菜切碎，可以和入炒熟芝麻、芜婆、生姜、芹菜、鲜竹笋，都可以放。

将菜切极碎，还有白胡萝卜条，在米汤中一同微焯后用汤浸泡并压制。凡是微焯的菜用竹筐盛后加入汤。后面大多仿照这种做法。

油泼齑：用芥菜稚心日晒干，入瓶。煎香油、研酱末、红豆蔻、缩砂仁，乘热泼于菜上，俟一二日熟。瓶外以水遂浸寒之；不能作酸也。

【译】油泼齑的做法：将芥菜的嫩心在阳光下晒干，

① 芜婆：何物不详。

装入瓶中。熬香油、研酱末、红豆蔻、缩砂仁，趁热泼在菜上，等一两天菜就做好了。瓶外要用水浸泡降温；不能将菜做酸了。

揉齑：用芥菜心，同熟油、盐、莳萝末烦揉，入瓶，以冷水浸瓶，寒之。

【译】揉齑的做法：选用芥菜心，用熟油、盐、莳萝末频繁揉搓后装入瓶中，用冷水浸泡瓶子，为其降温。

折齑：用芥菜稚心洗，日晒干，入器，熬香油、醋、酱、缩砂仁、红豆蔻、莳萝末浇菜上，摇一番，倾汁入锅再熬，再倾，二三次，半日已熟。

用芥菜心晒干，入半沸汤微笔，起。速以熟油、盐、地椒、莳萝末和，入瓮密封，连瓮冷水浸寒。

用夏菁菜稚心、头，入半沸汤中微笔，起。用少盐、熟油、醋，乘热和入，入瓶密封之。此凡佳菜稚心皆可造。

【译】折齑的方法：将芥菜的嫩心洗干净，在阳光下晒干，装入容器，熬香油、醋、酱、缩砂仁、红豆蔻、莳萝末并浇菜上，摇一摇，再将汁倒入锅中再熬，再倒入锅中，这样做两三次，半天菜就做好了。

将芥菜心晒干，下入半开的水中微焯一下捞出。马上用熟油、盐、地椒、莳萝末调和，一并放入瓮中密封，连同瓮用冷水浸泡进行降温。

用夏菁菜的嫩心、头，下入半开的水中微焯一下捞出。

将少许盐、熟油、醋调和，趁热和入菜中，装入瓶中密封。凡是那些好菜的嫩心都可以这样做。

香齑：用白莱菔、胡莱菔、豆腐、面酱、瓜姜、桔皮少许，细切条菹，熬油炒熟，入川椒取起。

【译】香齑的做法：将白萝卜、胡萝卜、豆腐、面酱、瓜姜、少许橘皮切成条，用热油炒熟，加入川椒后起锅。

相公齑：用白莱菔、胡莱菔、莴苣菜心、蔓菁菜根，细切条菹，各以盐腌良久，用汤微芼，水洗压干。熬香油，加酱、醋煎沸浇覆之，俟熟。

【译】相公齑的做法：将白萝卜、胡萝卜、莴苣菜心、蔓菁菜根切成条，分别用盐腌渍很久，用开水微焯，再用水洗净后压干。熬香油，加入酱、醋煮开浇在菜上并覆盖，等菜做熟。

八宝齑：用面筋、熟笋干、木耳、豆腐、面乳线^①、酱姜、酱瓜、栗，细切条菹，油炒入花椒，起。

【译】八宝齑的做法：将面筋、熟笋干、木耳、豆腐、面乳线、酱姜、酱瓜、栗切碎或切成条，用油炒过并放入花椒后起锅。

五味瓜齑：用稚瓜方切小菹，少盐腌一宿，日晒微干，熬熟油加赤砂糖、醋、鲜紫苏叶丝、生姜丝，入热锅中和匀，瓷罐收。

---

① 面乳线：何物不详。

【译】五味瓜齑的做法：将嫩瓜切成小块，用少许盐腌一夜，在阳光下晒至微干，烧熟油，加入红砂糖、醋、鲜紫苏叶丝、生姜丝，将菜下入热锅中和匀，用瓷罐收贮。

冷齑：用菜心百斤、盐二斤，腌五七日，以生姜碎切，同油、酱、醋熬熟和之，叠入小瓮中收藏。

【译】冷齑的做法：将一百斤菜心用两斤盐腌渍五天至七天，将生姜切碎，将油、酱、醋熬熟一并和匀，一层一层地码入小瓮中收藏。

杂和齑：用茭白、竹笋、藕、生姜、菠薐菜①、青菜、胡莱菔、瓜、豆腐面、面筋、绿豆粉片，随时细切条疽，未熟者先芼，以香油、酱油、醋、花椒，入锅熬熟和之。

【译】杂和齑的做法：将茭白、竹笋、藕、生姜、菠菜、青菜、胡萝卜、瓜、豆腐面、面筋、绿豆粉片切成条，将未熟的菜先焯一下，用香油、酱油、醋、花椒入锅烧熟后将菜和匀。

菜豆齑：取绿豆芽择洁，同菜茎条疽，作沸汤微芼，以甘草煎汤，入少醋，俟寒浸没之。

【译】菜豆齑的做法：将绿豆芽择洗干净，将菜茎切碎，烧开水微焯一下，用甘草煮水，加入少许醋，等凉后将菜浸没。

茄豆齑：取干熟茄切小疽，同煮干盐豆匀和，煎甘草汤少许，入少醋，俟寒浸没之。

---

① 菠薐菜：菠菜。

【译】茄豆齑的做法：取干熟的茄子切成小碎块，同煮干的盐豆和匀，煮少许甘草水，并加入少许醋，等凉后将菜浸没。

笋齑：用竹笋稚肥者，寸切菹，又剖切小片菹，沸汤微芼，沥干。用熟油、炒盐、生姜丝、桔皮丝、莳萝、地椒末、醋和匀，入瓷器一宿，味透。

【译】笋齑的做法：将个儿大且嫩的竹笋切成寸段，再切成小片，用开水微焯，挤干水分。用熟油、炒盐、生姜丝、橘皮丝、莳萝、地椒末、醋和匀，装入瓷器中一夜，味道便会浸透。

藕齑：同竹笋。

【译】（略）

茭白齑：同竹笋。

【译】（略）

葱芽齑：取葱置阴室[①]中，从根畔迸出嫩芽中摘取寸截，盛于瓯钵中，以小器覆之，令可透水。将沸汤从小器上浇落，急漉起，以肥肉汁、醋、酱、胡椒浇之。

【译】葱芽齑的做法：将葱放在阴凉的房间中，把根部长出的嫩芽摘下来切成寸段，盛入瓯钵中，用小容器覆盖，要让其能透水。再将开水从小容器上浇下去，快速将葱芽捞出，用肥肉汤、醋、酱、胡椒浇在葱芽上即可。

① 阴室：背阳之室，阴凉之室。

韭黄齑：韭黄即新韭之在稿①下者也。同葱制。

【译】（略）

蒲蒻齑：用葱制。《周礼》五齑，深蒲，齑也。

【译】（略）

淡齑：用冬菜揉熟，以冷水满浸压之，用则芼。有温豆腐泔浸没老菜，遂作酸味可食，不须芼。

【译】淡齑的做法：将冬菜揉透，用冷水浸泡后压干，临用时再焯水。也有用温的做豆腐的水来浸没老菜，齑有了酸味就可以食用了，不必焯水。

沃

十二制。

萝卜卷：用肥白萝卜，薄切片菹，日晒微干。每片置川椒二粒，新紫苏叶丝、乳线丝、鲜姜丝多寡量之，卷实，裁竹针，贯五卷为一处，熬酱油、醋，浸一二日熟。

【译】萝卜卷的做法：将大个儿的白萝卜切成薄片，在阳光下晒至微干，每片萝卜片放两粒川椒，再酌量放入新紫苏叶丝、乳线丝、鲜姜丝，卷实，削好竹签，将五个萝卜卷穿在一起，再熬酱油、醋将萝卜浸泡一两天就好了。

豆腐皮卷：用豆腐皮洗润，切二寸阔长片，每片置川椒三粒、生姜丝、乳线丝、腌肉丝、莴苣笋丝、蔓菁根丝、胡桃仁退皮碎切，实卷之，裁竹针，贯二三卷为一处，以酱油

---

① 稿：禾秆，指谷类植物的茎秆。

炙香。

【译】豆腐皮卷的做法：将豆腐皮洗净，切成两寸宽的长片，每片放入三粒川椒、生姜丝、乳线丝、腌肉丝、莴苣笋丝、蔓菁根丝、去皮并切碎的胡桃仁，卷实，削好竹签，将两三卷豆腐皮卷穿在一起，刷上酱油并烤香。

萘菜①：芼熟，晒微干，寸切菹，用熟油、酱、缩砂仁和之，蒸透，晾干，入瓮。

【译】甜菜的做法：将甜菜焯熟，晒至微干，成寸段，用熟油、酱、缩砂仁和匀，上笼蒸透，晾干后装入瓮中。

冬瓜：用冬瓜去皮瓤，方切小菹，加葱白屑，盐腌一宿。沸水去尽，以熟香油、酒、红曲、地椒、莳萝、大茴香、花椒坋匀，和入瓮，能久留。

【译】冬瓜的做法：将冬瓜去掉皮、瓤，切成小块，加入葱白末，用盐腌一夜。将水分挤干，用熟香油、酒、红曲、地椒、莳萝、大茴香、花椒拌匀后将冬瓜拌匀，装入瓮中，能长时间保存。

瓠子：去皮犀，同冬瓜。

【译】（略）

豇豆：用稚嫩肉肥者。同萘菜。

【译】（略）

菜白头：先熬香油，入酱、醋、花椒、姜葱再熬，入菜

---

① 萘菜：甜菜。此处底本眉批："即今人称甜菜，是又名莙荙。"计十一字。

少芼，即漉起，用器覆之，俟味足用。唯夏菁菜、芥蓝菜为宜。

倪云林用春菜心，先芼，沥干，入器。切乳饼盖上，加花椒、姜、盐，酒浇之，蒸熟烂，为雪盒乙盍切菜。

【译】菜白头：先熬香油，加入酱、醋、花椒、姜葱后再熬，再下入菜微焯一下马上捞出，用器具覆盖，等味道足了再吃。只有夏菁菜、芥蓝菜适合这样做。

倪云林吃春菜心时，先将春菜心焯水，挤干水分后放入容器。将切好的乳饼盖上，加入花椒、姜、盐，浇上酒，上笼蒸至熟透，这就是雪盒菜。

茄：用稚嫩者，方切小菹，同菜白头前制，加赤砂糖少许。

【译】茄的做法：将小而嫩的茄子切成小块，与前面菜白头的做法相同，要加少许红砂糖。

黄瓜：去皮瓤，同茄。

【译】（略）

白萝卜：方切菹，同茄。

【译】（略）

胡萝卜：同白萝卜。

【译】（略）

油酱炒

三十五制。

天花菜：先熬油熟，加水，同入芼之，用酱、醋。有先熬油，加酱、醋、水再熬，始入之，皆以葱白、胡椒、花椒、松仁油或杏仁油少许，调和俱可。和诸鲜菜视所宜。下仿此。

【译】天花菜的做法：先将油熬熟，加入水，将天花菜放入水中焯制，吃的时候用酱、醋。有的先熬油，加酱、醋、水再熬，才下入菜，都用葱白、胡椒、花椒、少许松仁油或杏仁油来调和口味。和入各种鲜菜要根据情况而定。

鸡宗[①]

燕窝

羊肚菜

麻菇

海丝菜速起之。

蕈鲜者先芼，先入。干者渍润。

竹笋蔹者先芼过，干者先芼烂。蔹，虐严切。

山药

茭白

芦笋

老藕干

① 鸡宗：鸡枞菌，为白蘑科植物鸡枞的子实体，是食用菌中的珍品之一。

红花子膏

莼菜灰浥去涎。根最美。故曰莼颩，可和米为饭。谢宗可诗曰："冰縠冷缠青缕滑，翠钿清缀玉丝香。"

蒟蒻

树鸡加姜。

石耳加姜。

蒲蒻

胡萝卜

白萝卜击块碎。

诸肥菜心

鸡脚菜温水洗。

菘菜①

水芋

茄干者先芼。

瓠干者先芼。

冬瓜

丝瓜

萘菜干。

菱腐

藕腐

芝麻腐和菠薐菜。

---

① 菘菜：大白菜。

豆腐或先油煎和瓢儿菜、西洋菜、干面同。

面筋和瓮菜①，干者水浸。

饼炙

【译】（略）

油醋和

十八制。

发豆芽：采去根、叶，沸汤微芼之，以熟油、酱油、醋、姜和。后仿此。

鲜竹笋切缕菹，微芼。

蒌白切缕菹，微芼。

芥菜根切缕菹，微芼。

黄花菜水洗，不用姜。

瓮菜芼熟。

菠薐菜微芼。

芥蓝菜微芼，不用姜。苏东坡诗云："芥蓝如菌蕈，脆美牙颊响。"

菱

藕

鸡头茎微芼。

豇豆微芼。

刀豆稚嫩未子者，芼熟。

---

① 瓮菜：空心菜。

天茄稚嫩者，芼熟。

蔊菜①南方造蔊菜，薄去皮，切如缕，每两用生姜五钱、盐一钱、川椒、熟香油少许，煎汤酱和之，密封瓮中，勿令泄气。杨诚斋诗曰："斋白文辞粲受辛，子牙为祖芥为孙。"

葵菜②微芼，冷水洗去涎。

面筋手析之，沸汤洗。

豆腐大块，再芼熟。

【译】（略）

酱渍

三十制。

闭瓮瓜：每稚嫩瓜十斤，盐二斤，腌一宿，先用酵发蒸面饼切开，乘热幽黄③，晒磨用十斤。腌瓜一层，黄一层，叠瓮中，以瓜汁注之，封密。六七月造，至来春间。若入茄，只可十分之二④。

【译】闭瓮瓜的做法：将小而嫩的瓜每十斤用两斤盐腌一夜，先将酵发的蒸面饼切开，趁热罨黄，晒干后研磨取用十斤。一层腌瓜一层黄码入瓮中，再将腌瓜汁灌入，封闭严

---

① 蔊（hàn）菜：也称"江剪刀草"。《植物名实图考》称"葶苈"。味辛、辣，如火焊人，故名。

② 葵菜：冬苋菜。

③ 幽黄：罨黄。

④ 此处底本眉批：可试之。

实。在六七月的时候制作，直到第二年的春季。如果放入茄子，只可以放入十分之二。

实香瓜：先用瓜切下蒂，去中瓢子，俱以盐腌柔，每斤盐一两，实以下菹瓜丝，加水在苦卤①内，浸二三时。茄丝盐水微浸；瓠丝盐腌；杏仁去皮尖，易水芼六七次，去苦味；青椒子、鲜姜丝、新紫苏叶丝、青桔皮丝皆洗洁，微日曝。取原蒂盖上，纶丝束之，渍于酱中②。

【译】实香瓜的做法：先将瓜蒂切下，去掉中间的瓢子，都用盐腌软，每斤瓜用一两盐，填入以下切好的瓜丝并按实，将水加在苦卤内，浸泡两三个时辰。茄丝用盐水微泡；瓠丝用盐腌；杏仁去掉皮、尖，换水焯六七次，去掉苦味；将青椒子、鲜姜丝、新紫苏叶丝、青橘皮丝都洗干净，在阳光下略晒。再取原瓜蒂盖上，用纶丝扎好，放入酱中腌渍。

生瓜稚而坚者，抹去毛，微腌。

西瓜外刮去皮，内剔去瓢。

黄瓜坚嫩者。

丝瓜削去粗皮。

苦瓜青稚者，剖去子，盐汤微芼。晒微干。

瓠子全者抹去毛，有去皮犀切片，晒水干。

① 苦卤：盐场晒盐后的余液，色暗黄，味苦涩而带咸，也称咸卤。

② 此处底本眉批：即今黄瓜丝也。

茄用盐烦揉皮薄，水洗，晾干。

稚茄每茄刺二三窍，窍实胡椒一粒，同洗晾嫩韭白头酱油渍之。

天茄稚嫩者。

姜稚嫩者采，洁汤毛，晾干用。或切方菹，实以花椒红。

茭白不剖。

白莱菔不剖。

青椒子稚嫩者，带枝囊括之。

杏仁囊括之。

柑皮去苦膜，毛，晾干。桔皮同。

莴苣笋削去皮，晒微干。

夏菁菜采去叶，洗晾干，束之。

芥菜同夏菁菜。

瓮菜同茎。

刀豆稚嫩者。

龙爪豆稚嫩者。

藊豆①稚嫩者。

豇豆稚嫩长肥者。

豆腐干温水浸柔，大切片，油煎。

面筋油煎。

----

① 藊豆：扁豆。

璃枝煮熟，大切块①。

柿子将熟者。

竹笋去箨。

【译】（略）

醋浸

十八制。

新葡萄：先入罂用白米醋，同甘草作沸汤俟寒，调炒盐注入之。后仿此。

新枣

樱桃

金桔

金豆

李子未熟者。

梅子用稚嫩未酢者，同稚嫩蒜头。《礼》曰："梅诸。"诸，音蓝。

桃子用未熟者切四分之，汤芼，晾干。《礼》曰："桃诸。"

梧桐子嫩者。

鲜竹笋微芼，生者切绝细缕，即酸笋，本出闽粤。

新大豆带壳芼，晾干。

新姜

---

① 此处底本旁批：即石花菜。

甘露子采洁，洗去土①。

胡萝卜块切菹，不用盐。

荞头②密封，焚麦糠火煨过熟。

白菜头

葱白头根须同。

芥根切丝，微芼。

【译】（略）

油炒

四十二制。

茼蒿用油熬熟入之，加少水芼熟，以少盐、川椒、葱头或少醋调和。下仿此。

瓮菜

龙须菜少芼。

鹳嘴菜③少芼。

羊脚

黄矮瓢儿菜

菜苔

韭少芼。

竹笋干先芼熟。

---

① 此处底本眉批：甘露子又名囊荷。

② 荞头：又称藠头，为多年生草本百合科植物的地下鳞茎，叶细长，开紫色小花，嫩叶也可食用。

③ 鹳嘴菜：何物不详。

荠菜苏东坡尺牍云："患疮疥者宜食荠。用淅米水芼及生姜，不用盐、醋。"

丝瓜

丝瓜蕊

冬瓜

菠薐菜

苋

新瓠

藕豆

新茄水浸。

茄干先芼。

地姜根^①

豆腐加酒。

面筋加赤砂糖，去葱。

紫藤花

金雀花

萱花

花椒芽干汤泡，宜熟芝麻。

槐芽干再芼去苦，宜熟芝麻。

香椿芽

椿芽干汤泡，宜熟芝麻。

---

① 地姜根：鬼子姜。

木蓼干再芼去苦，宜熟芝麻。

马齿苋干汤泡，又曰五行菜。

蒜苗

蒜苗干

紫菜

蕨菜干多芼去苦。《诗》注曰："蕨鳖也，初生无叶时可食。"

薇干菜同蕨。《诗》注曰："薇似蕨而差大，有芒而味苦。"

芍药菜干多芼去苦。《穿云录》云："枪竿岭多芍药苗，土人撷以为蔬。"

芹菜去叶。

蒲蒻

西洋菜先芼。

恶贯①稚者。

商陆②稚者。

【译】（略）

① 恶贯：依下文为"牛蒡子"。牛蒡子，中药名。为菊科二年生草本植物牛蒡的干燥成熟果实。

② 商陆：多年生粗壮草本植物，各地根据其形态称其为大苋菜、山萝卜、花商陆、胭脂等。药用商陆的干燥根。

油煎

十六制。

茄：削去外滑皮，条切，染花椒、酱、水调面、糯米粉煎。下仿此。

【译】茄的做法：将茄削去外面滑皮，切成条，蘸用花椒、酱、水、面、糯米粉调和的糊炸制。

鲜竹笋击碎。

胡萝卜切丝。

瓠切丝。

菜苔段切菹。

荠

椿芽干不用面粉。

槐芽先焯，不用面粉。

藕切片。

菱切片。

藜芽即落葵，《本草》曰："地肤子。"

薄菜染蜜，不用面粉。

生面筋不用面粉，食用蜜，熟者切片开半夹，调面粉煎。

豆腐面先煎染蜜，赤砂糖，熟芝麻。豆腐先以大块水煮，再切片油煎。

枣肉去皮核。

栗肉片切。

【译】（略）

糖醋

十制。

鲜竹笋：用肥者剖之，寸切菹。每斤用盐一两，腌过一宿，以淡醋煎沸微茊，再同酽醋熬赤砂糖一二沸，俟寒入器浸没。下仿此。

【译】鲜竹笋的做法：将大个儿的鲜竹笋剖开，切成寸段，每斤竹笋用一两盐，腌过一夜，把淡醋煮开将竹笋微焯，再将浓醋熬红砂糖一二开，晾凉后放入容器中将竹笋浸没。

甘露子加青茄头。

银条花即藕下发嫩长条切。

茭白切。

荞头

天茄

黄瓜切。

稚蒜头以上皆不用茊。

菜薹采去叶微腌，晒干细切菹，入瓮，从沸醋熬赤砂糖，扮莳萝、川椒和，俟寒浸之。

白萝卜用肥大者薄切片，微腌，晒柔，卷生姜丝、鲜紫苏叶丝，熬赤砂糖醋浸之。

【译】（略）

醋烧

十四制。

大麦白头采洁，以潭笋丝、胡荽头水中同甘草茗熟，盐、醋调和，冷用。即石崇家之假韭也。崇家有韭根汁，加酱油煮，鸡、鹅、猪诸汁皆宜。下仿此。

【译】将大麦的白头采来洗干净，在潭笋丝、香菜头水中同甘草一起焯熟，用盐、醋调和，凉了吃。这是石崇家的假韭。石崇家将韭根汁加入酱油煮制，用鸡、鹅、猪等汤都可以。

鲜竹笋

芹白同新蒜白头。至夏不宜食芹。

蕈

地笋

菘菜

菰苔①先作汁投之，不宜熟。

茭芽

蒜苗

瓠

羊角菜

黄矮菜薹

芦笋

---

① 菰苔：菰是茭白，菰苔似为茭白的部分。

蒲蒻

荸陆放翁诗云："小着盐醋助滋味。"或同白萝卜方切菹。

【译】（略）

盐腌

十六制。

柿子：石灰汤滥者，用冷盐汤浸之，久则色亦红鲜。

【译】柿子的做法：用石灰水泡过的柿子，再用冷盐汤水浸泡，时间久了柿子的颜色也是鲜红的。

木瓜：劙去皮，方切小菹，同盐幽瓷中。

【译】木瓜的做法：将木瓜削去皮，切成小块，同盐放入瓷中。

夏菁菜：洗晾过干，入缸，菜一层，盐一层，满叠，石压，垫之。每菜一百二十斤盐四斤，间①一二日翻倒一次，再间一二日又翻倒一次，熟。以二三本②共纽束之，置瓷中，煮原汁过冷，浸没，泥封。芥菜、白菜、菜薹同制。或久留，每百斤盐四斤。

【译】夏菁菜的做法：将夏菁菜洗净并晾干透，放入缸中，一层菜，一层盐，将缸码满，用重石压住，按实。每一百二十斤菜用四斤盐，隔一两天翻倒一次，再隔一两

---

① 间：隔开；不连接。

② 本：用于植物。株；棵。

天再翻倒一次，便做好了。将两三棵菜同扭在一起，放在瓮中，将原汁煮过并放凉，将菜浸没，用泥封闭瓮口。芥菜、白菜、菜薹的做法一样。如长时间保存，每一百斤菜用四斤盐。

熟腌菜：用已熟腌菜清水芼熟，沛干，甑蒸一宿，晒三五时，又蒸三次，俟干醒[①]，贮瓮收。色黑味甜，如以油和蒸之，则柔。

【译】熟腌菜的做法：将已熟腌菜用清水焯熟，挤干水分，用甑蒸一夜，晒制三五个时辰，再蒸三次，等菜干醒后收贮在瓮中。菜色黑味甜，如用油和匀后蒸制，菜则软。

闭瓮腌菜：先用芥菜或夏菁菜采去叶，洗洁晾干，性柔。每两茎宽束一结。瓮底先置香油一碗，始叠菜，取篾关实。每菜一百二十斤计盐四斤，汤调化冷，注下，和以莳萝、地椒坋。一日倾出盐水一次，复倾入之，经数次，菜熟则止。有不用油，炒熟芝麻碾末，同入。如菜油，熬过用。

【译】闭瓮腌菜的做法：先将采来的芥菜或夏菁菜去掉叶子，洗干净后晾干，要柔软。每两茎打成一结。瓮底先放一碗香油，再开始码入菜，菜满后用竹篾封严实。每一百二十斤菜用四斤盐，用热水将盐调化并晾凉，再灌入瓮中，和入莳萝、地椒拌匀。一天后将盐水倒出一次，再倒入瓮中，这样经过数次，直到菜腌好为止。有的腌菜不用油，

① 醒：指唤醒菜质。

用碾成末的炒熟芝麻一同入瓮。如果用菜油，要熬过再用。

白萝卜：洗洁晾干，盐同菜斤，加甘草一两，捶碎，酾①释米水清者浇没三寸浸之。

【译】白萝卜的做法：将白萝卜洗干净并晾干，盐与萝卜的用量相同，加一两捶碎的甘草，用滤清的淘米水浇在萝卜上，液面超过萝卜三寸，将萝卜淹没浸泡。

茄：切丝，叠实，盐水浸者，止可渐为用。有同熟腌菜制。

【译】（略）

芹去叶。

新姜

葱采去黄叶。

【译】（略）

韭：先用矾水洗洁，采整晾干，每把平铺之，洒盐于上层，叠于器。俟柔，每盈把②为一束，移入瓶中压实，浇以原卤。花同。

【译】韭菜的做法：先用矾水将韭菜洗干净，挑选整棵的平铺后晾干，在上层撒上盐，再码入容器里。等韭菜柔软后，每一把扎成一捆，再移入瓶中压实，浇上之前的盐卤。韭菜花的腌法与此相同。

---

① 酾（shī）：滤（酒）。

② 盈把：满把。把，一手握取的数量。

新蒜：用头，从心中去苗，以炒盐实满。觉咸味，泡甘草汤，俟冷浸，根、须洗晾同。

【译】新蒜的做法：新蒜要用头，从心中去掉苗，用炒盐填实填满。觉得蒜有咸味了，就用凉的甘草水浸泡，蒜的根须要洗净后晾干，做法与此相同。

瓠大切片。

荠

蒲荷寸切。

萱芽

【译】（略）

控干

七制①。

白菜薹：每一百斤细切菹，微日曙之，以盐二斤，烦揉须透，榨绝干。用熟油、莳萝、缩砂仁、大茴香、姜和匀，叠小瓶中，篾关口，倒置架上，用醋。下仿此。《墨娥小录》：用菜汤内微芼，晾微干，碎切，入瓶筑实，黄草布幂口，倒覆地上，虽一二年不坏。

【译】白菜薹的做法：将白菜薹切碎，每一百斤白菜薹用两斤盐腌渍后放在阳光下微晒，要将白菜薹揉透，水分榨得极干。用熟油、莳萝、缩砂仁、大茴香、姜和匀，码入小瓶中，用竹篾封口，倒放在架上。吃的时候加些醋。

---

① 原文为七制，但实际上只有五制。

芥菜或用心，汤芼微熟，和。

生瓜切为丝。

茄切为丝。

白萝卜切为丝。

【译】（略）

晒炙

四十八制。

淡豆豉：三月中，先用黄豆芼烂，控干，布苇箔上，幽为黄。热退，晒一二日务燥。停七日释去黄，按实筐筥中半日，干湿得所，又幽瓮中，泥固。侯二七日开出，又晒使燥入瓮，遇三、五、六月，常出晒之，数年不坏。宜研以絮羹。

【译】淡豆豉的做法：在三月的时候，先将黄豆煮烂，控干水分后铺在苇箔上，罨黄。黄豆中的热气退了，晒制一两天，将黄豆晒制非常干燥。经过七天将豆豉上的黄去掉，按实在筐筥中放半天，使豆豉干湿适度，再放入瓮中，用泥封闭瓮口。等十四天后将瓮打开，取出豆豉，再晒至干燥后放入瓮中，到了三月、五月、六月的时候，经常拿出来晒一晒，几年都不会坏。淡豆豉适合研碎后加入羹中调味。

香豆豉：作新甜酱，漉出豆一斗，同淡生瓜菹五两、淡冬瓜菹五两、去苦皮尖杏仁五两、榛仁退皮五两、川椒三两、生姜丝四两、紫苏新叶丝半斤、盐半斤、坋莳萝三两、缩砂仁二两、红豆蔻二两、地椒一两通幽瓮中，泥封，易五方^①日色，晒四十九日用。

【译】香豆豉的做法：新做甜酱，漉出豆一斗，同五两淡的生瓜腌菜、五两淡的冬瓜腌菜、五两去掉皮和尖的苦杏仁、五两去皮的榛仁、三两川椒、四两生姜丝、半斤紫苏新叶丝、半斤盐、三两莳萝、二两缩砂仁、二两红豆蔻、一两地椒全部放入瓮中，用泥封闭瓮口，随阳光方位移动菜瓮，晒制四十九天后可用。

杏仁豆豉：先用大黄豆四升，芼熟，晾去水，盐四两和之。以杏仁去皮尖二升，同生姜、桂皮、白芷、紫苏茎碎切，囊括入水，芼去苦味，晾干，通和豆，晒燥，复囊括，甑蒸透彻。俟寒，贮瓷器。

【译】杏仁豆豉的做法：先用四升大黄豆煮熟，晾去水分，用四两盐和匀。将两升去掉皮、尖的杏仁同生姜、桂皮、白芷、切碎的紫苏茎用绢袋盛好放入水中，焯去苦味后晾干，再全部和入黄豆中，晒干，再用绢袋盛好放入甑中蒸透。蒸好的豆豉凉后收贮在瓷器。

缩砂仁豆豉：用大豆杂桂皮、白芷、紫姜，同水芼熟，晒干和赤砂糖，坋缩砂仁、川椒、地椒、莳萝为衣，再晒干收用，取熟芝麻洒之。

【译】缩砂仁豆豉的做法：将大豆掺入桂皮、白芷、紫姜，一同用水焯熟，晒干后和入红砂糖，拌入缩砂仁、川

① 五方：指东、西、南、北、中五个方位，五方土音。

椒、地椒、莳萝调匀后在黄豆上涂抹一层，再晒干后收贮，撒上些熟芝麻。

竹笋豆豉：用鲜竹笋大切块，先芼熟，入盐少许，晒燥。以笋汁芼大豆至熟，入盐少许。纸藉炼火中焙，切笋为方渣，复同焙燥。

【译】竹笋豆豉的做法：用鲜竹切成大块，先焯熟，放入少许盐，晒干。用笋汁将大豆煮熟，放入少许盐。取纸衬底将煮好的大豆放在炭火上烤干，将笋切成小方块，再一同烤干。

茄豆豉：先用盐水浸茄，小片渣，晒干。释大豆，同桂皮、白芷、紫苏、生姜入水芼熟。调和甜酱，再芼。复加赤砂糖，又芼。移日中晒燥。

【译】茄豆豉的做法：先用盐水浸泡茄子，切成小片，晒干。淘洗大豆，同桂皮、白芷、紫苏、生姜一并放入水中焯熟。用甜酱调和大豆，再焯。再加入红砂糖，再焯。将焯好的大豆移到阳光下晒干。

青豆：用大豆壳中取出青，肉汤芼熟，纸藉炼火上炙燥。

【译】青豆的做法：从大豆壳中取出青豆，用肉汤煮熟，用纸衬底在炭火上将青豆烤干。

糖豆：用大豆湛洁，烧灰苋菜灰淋之，芼烂漉起。别用清水，浸去灰气。调赤砂糖，加糖香少许，匀和晒燥。

【译】糖豆的做法：将大豆洗干净，淋入烧好的灰苋菜灰，将豆煮熟后捞出。再用清水泡去大豆中的灰气。加入红砂糖和少许糖香，将大豆和匀后晒干。

梅霜：取半青熟梅子，煎过咸盐汤，冷浸梅柔，漉起，日晒，夜入原卤。经五六次复晒干。收卤煎过，澄清为浸蔬蔌①所须。

【译】梅霜的做法：取半青的熟梅子，煮咸盐水，盐水凉后再将梅子泡软，捞出，白天晒制，夜晚再倒入原卤。这样做五六次后再把梅子晒干。收起原卤再煮过，澄清后可用来浸泡蔬菜。

杨梅盐腌，晒干。

小桔盐腌，蒸，晒。

【译】（略）

莴苣笋：削去厚皮，卧置长板上，盐烦揉须透，叠器中。天阴停下，晴日用其卤煎沸，加石灰少许，一染即起，纶丝每条系其头，悬晒之，常以手按直。俟起盐霜，卷束收瓮。

【译】莴苣笋的做法：将莴苣笋削去厚皮，放在长板上，用盐揉透，码入容器中。天阴时停下，天晴时将容器中的卤汁加少许石灰后煮开，将莴苣笋在里面蘸一下，用纶丝将每条莴苣笋的一头扎好，悬挂起来晒制，经常用手将莴苣笋揉直。等莴苣笋起盐霜后，将其卷好放入瓮中。

---

① 蔬蔌（sù）：蔬菜的统称。

竹笋：去箨，竹沸盐汤，芼熟，晒干。

【译】（略）

菘菜：盐水，芼熟，晒干。蒸一时，再晒燥，收。

【译】（略）

芋茎：去外皮，段切菹，少洒以盐，晒干，蒸之再晒。

【译】（略）

鸡头茎同芋茎。

茭白切条菹，和少盐，晒切。

胡萝卜同茭白。

白萝卜同茭白。

藕老者切片菹，晒燥。

【译】（略）

生瓜：切丝，先以盐水浸片时，漉起，和以生姜丝、新紫苏叶丝，晒燥，少用赤砂糖、醋润。或切小片菹，瓮叠须实。

切大条或划之《尔雅》疏曰："半破也。"以盐腌满其腹，俟柔，晒一日，原卤浸一日三次，须晒有盐霜，乘热以酽醋染之，入瓮，麦稍塞口。

【译】将生瓜切丝，先用盐水浸泡一会儿后捞出，和入生姜丝、新紫苏叶丝，晒干，加少许红砂糖、醋润一润。或者将生瓜切成小片，一层一层码实在瓮中。

将生瓜切成大条或划开，用盐腌满瓜腹，等瓜软了，晒制一天，用原卤再一天三次浸泡，要将瓜晒至出盐霜，趁热蘸上浓醋，放入瓮中，用麦秸塞住瓮口。

冬瓜：切小片菹，不宜以盐，烈日晒燥，收入瓮。

【译】将冬瓜切成小片，不要用盐，放在烈日下晒干后收入瓮中。

黄瓜：去皮，方切小菹，灰溲之，晒燥，同灰瓮收。用则水洗。

【译】将黄瓜去皮，切成小块，加入灰和匀后晒干，将黄瓜同灰一并放入瓮中收贮。用时要用水洗。

瓠：轮长薄条，和灰压去水，晒干。

【译】（略）

茄：薄削去外滑皮，细切条菹，以释米水同盐少许，浸一时漉出，取鲜紫苏叶丝、生姜丝匀和，晒燥，入罂。用加赤砂糖、醋。

带蒂四分之，芼熟烂压，令绝干，洒以花椒、少盐，晒燥，瓮收。用再芼，或切条菹亦宜。

【译】将茄子薄薄地削去外皮，切成条，用淘米水加少许盐浸泡一个时辰后捞出，取鲜紫苏叶丝、生姜丝和匀，晒干，装入罂瓶中。用时加红砂糖、醋。

将茄子带蒂一分为四，焯熟透后用重物压，要压非常干，撒上花椒和少许盐，晒干，放入瓮中收贮。用时再焯水，或者将茄子切成条也可以。

姜：肥实者洗洁，盐腌三五宿，晒绝干，火焙燥，即火姜，甚祛寒秽之气。

【译】挑选个大的姜洗干净，用盐腌三五夜，晒至极干，用火再烤干燥，这就是火姜，非常祛寒秽之气。

苋茎：老者削去皮，盐汤浸晒之，再浸再晒，以咸为度。又，以水洗去盐，晒燥，收。

【译】将老的苋茎削去皮，用盐水浸泡后晒制，之后再浸再晒，直到苋茎咸了为止。另，将苋茎用水洗后去掉盐分，晒干后收贮。

恭菜芼熟晒燥。

马齿苋芼熟晒燥。

葱叶寸断，腌一二日，水洗晒干，乘热收入瓮。

蒜苗盐汤芼熟，晒干，蒸再晒，收。

香椿芽盐汤微芼，晒干。

花椒芽同香椿。

金雀花盐汤微芼，炙燥。

萱花同金雀花。

紫藤花同金雀花，或用糖、醋和之。

豇豆盐汤芼熟，炙燥。

木蓼三月摘嫩芽，芼熟，炙绝燥。

蕨蒸熟以干灰浥，晒燥，濯去灰，又晒干。

蒌蒿盐水芼，火炙。

茼蒿盐水芼，火炙。

商陆稚苗去肤叶，盐水芼，晒蒸。

恶贯同商陆。

豆腐老者不入水，盐抹，晒，炙之。

面筋细析，晒燥。

【译】（略）

煮

二十八制。

红枣子：水煮。

莲芍：水煮。

【译】（略）

鸡头：鲜者和石灰，加厉石擦洗，入锅煮熟。取起，以冷水少释之，再入锅中炒干，入罐热用。干者用锥挑破其眼，水浸一宿，煮。

【译】将新鲜的芡实和入石灰，加厉石擦洗，放入锅中煮熟。煮熟后捞出，用冷水淘一下，再入锅中炒干，入罐热用。干的芡实要用锥将眼挑破，在水中浸泡一夜，煮熟。

慈菇：宜铁锅水煮，用盐。

地栗：宜铁锅水煮，轮去皮。

菱：老者、风戾者水煮。

藕：实白糯米、赤豆于窍，水煮，用宜蜜。

【译】（略）

琼枝：洗甚洁，用水煮，调化胶，加退皮胡桃或赤砂糖，和内盛盆器，冷定切用，又名石花菜。

【译】将琼枝洗得非常干净，用水煮过，调和溶化成胶，加入去皮的胡桃或红砂糖，和匀后盛入盆器中，凉后改刀食用，又叫石花菜。

大豆：鲜者煮太熟，去壳，宜五辛醋。干煮淅之，入锅铺平，中为一窝，置盐在内，用水绕锅泻下，平豆为度，炀火水干豆熟，其盐自散入四向豆上，并不粘锅。欲不见盐，未干时常抄动之。如欲色红，加苏木、白矾少许。

【译】将新鲜的大豆煮至熟透，去掉壳，加些五辛醋。将干的大豆淘洗后煮制，要将豆放入锅中铺平，中间为一个窝，窝内放入盐，用水沿着锅倒下，水与豆平为止，再用大火将水烧干至豆熟，盐自行散入四周的豆里，也不会粘锅。如果想看不到盐，在豆未干时经常抄动抄动。如果想要豆的颜色红，加少许苏木、白矾。

杏仁：去皮、尖，煮去苦味，入盐煮燥。

老刀豆：去内外壳，宜盐。

龙爪豆：去内外壳，宜盐。

藕豆：去内外壳，宜盐。

【译】（略）

大豌豆：鲜者和壳煮。干者以河水入灰浸一宿，洗洁煮熟，同熟油、盐、花椒、葱炒。

【译】将新鲜的大豌豆带壳煮。干的豌豆用河水加入灰浸泡一夜，洗干净后煮熟，同熟油、盐、花椒、葱炒制。

小豌豆：鲜者和壳煮。

竹笋：带箨煮，太熟脱之。宜五辛醋、熟油、酱。

【译】（略）

茄：覆碗于锅，入水少许，置茄子上，煮太熟去皮。宜姜、醋，宜熟油，蒸，酱加罂粟米。

煮茄熟，压去水，热油中染起，宜蒜、醋。

以茄平剖，界棱覆锅上，熟油浇之，盐洒之，俟熟。

【译】将茄子下锅扣上碗，加入少许水，将茄子煮熟透后去皮。可以加些姜、醋，也可以加些熟油，将茄子上笼蒸制，酱里加些罂粟米。

将茄子煮熟，压去水分，在热油中蘸一下，可以加些蒜、醋。

将茄子平剖，划开棱放在锅上，浇上熟油，撒上盐，等茄子熟了就可以吃了。

胡萝卜：煮太熟。宜胡椒、盐、醋。

白萝卜：煮过熟，压去水，宜熟油、盐、醋。

茭白：煮太熟，宜五辛醋。

韭：微芼，宜姜、盐、醋。

荞菜：煮太熟，沥去水，宜蒜、酱、醋。

冬瓜：用坚肉，切大块，煮熟烂，界棱，浇熟油、姜、醋。

瓟：同冬瓜。

生瓜：华之，去瓤，煮过熟，切小条萢。晒干。

苋：煮太熟，沸去水，宜蒜、醋。

【译】（略）

糁^①

六制。

果糁：先熬油。入退皮胡桃仁、榛仁、熟莲菂、熟栗肉、熟菱肉、去皮地栗，藕大切之，少水烹，加酱油、胡椒、花椒，以面或米粉为糁。后仿此。

【译】果糁的做法：先熬油。下入去皮的胡桃仁、榛仁、熟莲菂、熟栗肉、熟菱肉、去皮的地栗、切成大块的藕，加入少许水烹制，加入酱油、胡椒、花椒，用面或米粉作为糁。

佳蔬糁熟山药、熟香芋、熟旱芋，与落花生皆去皮，熟慈菰去衣顶，绿豆粉皮，皆块切。

佳糁蔌麻菇、蕈、竹笋、茭白、蒟蒻、胡萝卜、丝瓜皆条切。

大豌豆新稚者剥取肉，先芼熟，曰芼熟菜。

大黄豆同猪肉切小方，豆先煮熟。

豆腐切块。

【译】（略）

_____

① 糁（sǎn）：以米和羹。

蒸

十一制。

桃：轮去皮，同蜜，入器，甑蒸。下仿此。

赤梨轮去皮，宜赤砂糖。

芋魁水生者片切去皮，锅中入半勺，以盘碗覆之。上铺以芋，蒸易烂。旱生者以顶抵锅，入少水，蒸不复动，熟，复火煨干。水生者亦宜全蒸，宜白砂糖、盐。

山药宜蜜。

香芋①宜盐。

落花生宜盐。

葛宜盐。

黄独宜盐。以上皆用退皮。

莼用灰沤半日，洗去滑，和以盐、赤砂糖、醋，蒸过熟。

荇须采去苦心，晒燥，蒸过熟，或入瓮，同水、火煨。

黄精《本草图经》云九蒸九曝，作果甚甘美。

【译】（略）

熏

八制。

熏桔：熟桔汤中芼过，焚砻谷糠烟熏和柔，渐按扁，复熏干。

熏枣：生枣甑中蒸过，同熏桔。

---

① 香芋：近人以为香芋即黄独，见《中药大辞典》。

熏柿：生柿去皮，切片，同熏桔。

熏桃：生桃以柔铁围之，击扁，汤中芼过，同熏桔。

熏梅：今曰乌梅。大青梅作沸汤芼过，以稻秆一层梅一层，焚砻谷糠烟熏黑熟。

熏杨梅：采杨梅完全纯紫、肥、甘者，取小麦稳焚烟熏十余日，入罐。又，取罐身半瘗火中，再蒸热透。

熏豆腐：趁热点入箱，压一日，以刀界开，焚砻谷糠烟熏。煎盐汤，寒，取鹅翎浥扫之，熏绝干燥，悬当风处。

熏竹笋：去箨，盐汤芼熟，焚砻谷糠烟熏之。

【译】（略）

蒜醋和
六制。

箭干菜肥嫩者截白茎为二寸条菹，洗洁入瓶，先用捣大蒜泥，和炒盐少许，覆上，作甘草沸汤，入醋再沸，俟冷浸没之。下仿此。

鸡头茎去皮叶，切条菹。

杨梅

葡萄带枝。

胡荾头

蔓菁根切条菹。

【译】（略）

蒜盐和

六制。

茄稚而小者芼烂，压去水，捣蒜泥、炒盐和匀，实叠于罌。下仿此。

冬瓜切条菹，炒盐腌一宿，沸绝干，用蒜泥。

茭白同冬瓜。

竹笋带箨，芼熟。

菜茎同冬瓜。

胡萝卜切丝，同冬瓜。

【译】（略）

芥辣和

五制。

稚茄芼烂，压干，以芥子湛洁，研细，同盐、醋少许和匀入器。下仿此。

韭头

白菜嫩头

竹笋带箨芼，切条。

芥菜嫩心俱同前。

【译】（略）

酒糟和

三十四制。

梅青者同苦卤浸过，用腊酒糟和盐叠之。每斤糟计炒盐三两为率。下仿此。

李同梅。

桃同梅。

枇杷青熟者。

橄榄

枣鲜甜者。

柿滥过者。

茄寒露摘嫩者，瘗灰中三四日，取糟。诀曰："五茄六糟盐十七，三碗河水甜如蜜。"五、六言斤，十七言两，盐用炒久藏者，不用水。

箭干菜采去叶洗洁，晒干作束。凡菜仿此。

菜薹

菘菜

芥菜

瓮菜一作蕻。

莴苣笋去皮，晾干。

芹白

竹笋熟者晾干，生者去箨，洗晾留可久。

茭白以红苋叶苴而糟之，即鲜红。

新姜宜醅子糟，同茭白，白者加白矾少许，经岁不黑。

地姜取须洗洁，晾干。

白萝卜半切，晒微干。

冬瓜

瓠

黄瓜

生瓜

丝瓜削去皮。

青豆芼熟，去壳。

豇豆

刀豆

藕豆

琼枝生熟皆宜。

山花稚苗。

干豆腐宜醅子糟。

面筋宜醅子糟。

蒜嫩头，石灰清汤微芼。

阳和菜出金陵①。

【译】（略）

炒

七制。

栗子：先炒锅热，少滑以油，投栗烧，常炒之。加盐少许，甚酥香。

择二栗平底者，以一用香油涂，一用水涂，为一，合置

---

① 金陵：今江苏南京。

锅底，以众栗旋覆二栗之上，盖锅密封，烧一饭顷，则颗颗有油，不粘壳，而更酥烂。

银杏同栗。

榧子：白酒浸透，炼火焙干去壳。

豆腐熟汁浸半日，炒干，肉上皮脱尽。

糯米：糙者淘净，汤浇，新布苴，瘗砻谷糠中一日，慢火锅中炒熟。

用糯壳，锅中炒，自爆出花。

大黄豆：用糟水浸，同干沙炒。

芝麻：浸，捣去皮炒。

小豌豆：以河水中加灰同浸柔，释洁炒熟。

【译】（略）

脯

二制。

芭蕉根：粘糯者截厚大片，灰汁芼令熟，又易清水芼，无灰气，压干。以花椒、胡椒、莳萝、地椒、缩砂仁、姜、熟油、酱研浥一两宿，出，焙，捶软用①。

【译】将黏糯的芭蕉根截成厚的大片，用灰汁焯熟，再换清水焯，使芭蕉根没有了灰气，压干。用花椒、胡椒、莳萝、地椒、缩砂仁、姜、熟油、酱研碎和匀后腌渍一两夜，取出后烤干，捶软了再用。

---

① 此处底本眉批：《尊生八笺》内亦有芭蕉吃法，想亦可食之物也。

牛蒡子：即恶贯，又名鼠黏子。十月以后，取根硬者先捶软，同芭蕉根料物制。

【译】牛蒡子就是恶贯，又名鼠黏子。十月以后，取根硬的牛蒡子先捶软，与芭蕉根的做法、调料相同。

生

二十八制。

紫菜井水洗，宜姜、醋，宜入热油中。

鹿角菜同紫菜。

绿薹宜醋。

裙带菜①井水洗，宜醋。

莴苣笋削去皮，切片菹。宜胡椒、盐、醋。

莼冻摘头，以管器盛，入汤中微芼，置于涧水中一二宿，结莼冻用之。宜姜、醋。

荠菜盐腌顷之，加熟油、醋、熟芝麻。

蓴菜宜醋。

苦荬菜和水烦揉，易水苦味去。宜酱、醋。或加以熟油。

生菜味苦者，同苦荬。

蒲蒻宜盐、醋。

茼蒿宜盐、醋。或加熟油。

新韭宜酱、醋。

香椿芽

① 裙带菜：海带。

木莲子去壳取瓤，每计一枚水二酒盏，挼汁绢縠滤其清者，自成为腐，宜姜、醋。

石耳洗，宜胡椒、醋。

木耳宜藕、茭白、瓜丝、竹笋丝，宜酱、醋。

冬瓜削去外皮，用盐水洗。

西瓜用坚肉，宜酱、醋。

生瓜削去皮，宜姜、盐、醋。

黄瓜削去皮，宜蒜、醋。

茭白宜炒芝麻、胡荽、盐、醋。

茄宜盐、醋。

银条菜宜胡椒、醋。

白莱菔同胡莱菔、胡荽、炒芝麻。宜熟油、盐、醋。或击碎，以酱油。

石花菜宜花椒、姜、盐、醋。

山花去皮，其茎宜盐腌顷之，水洗，加姜、醋、熟油。

地姜取须条切，盐腌顷之，宜醋。

【译】（略）

草之生于野而无毒者皆可食①

水萍②油炒。

水藻油炒。

---

① 此处目录为"草之初生无毒者"。

② 水萍：浮萍。

佛耳草头芼烂，揉入米粉为饵。

苎头同佛耳草。

天菜即地踏菜^①。宜油炒。宜日晒。

盘棋菜油炒，不宜盖锅。熟，晒干。

苦菜芼去苦水，宜油、醋。

蒲公英芼去苦水，宜油、醋。

凤仙茎去皮，芼，宜酱糟。

山慈菇芼。

马兰头宜油炒。

红蓝头宜油炒。

百合根蒸。

甘菊头刘禹锡有"菊苗斋醒酒"。

蜀葵蕊宜油炒。

苜蓿油炒，子可蒸饼。

芭蕉露

芸苔

鲜白芷宜蜜渍，糟。

防风菜油炒。

阿蓝菜出金陵，腌久用。

白花菜出金陵，腌久用。

---

① 地踏菜：又名地耳、地衣、地木耳、地软儿、地瓜皮等，是真菌和藻类的结合体，一般生长在阴暗潮湿的地方，暗黑色，有点像泡软的黑木耳。

猴菜①出潞州，宜晒干，捶软，油、酱炒。

菝葜②《琐碎录》曰："田舍贫家取以酿酒。"张文潜诗曰："烹之芼姜桔，尽取无可掇。"菝，蒲八切。葜，苦辖切。

阳菜出金陵，腌。

此类亦多。

【译】（略）

木之初发芽无毒者皆可用③

桄榔面出南粤，作饼。

桫木面出南粤，作饼。

枸杞头油炒或盐汤芼，晒干。

木鱼即棕榈新生子未出木者。苏东坡云："用蜜煮醋浸，可致千里。"

楮木子可为腐，可炒。

斋木子可为腐。

松露珠

牡丹花李昊以牛酥煎食。

茅母《本草》入果部。

此类亦多，有各地产皆宜，识其性类，视前制。

【译】（略）

---

① 猴菜：何物不详。

② 菝（bá）葜（qiā）：百合科菝葜属多年生藤本落叶攀附植物。根状茎可以提取淀粉和栲胶，或用来酿酒。有些地区作土茯苓或草薢混用，也有祛风活血作用。

③ 此处目录为"木之初芽无毒者"。

羹胾①制

总论

凡絮新羹，先作沸汤，始少调以煿竹笋、瓜、瓠菜等清汁，后少调以烹鸡、鹅、猪等清汁，再少调以烹鲜虾清汁，炀火多烹，挹尽羹面之油，滤尽羹下之滓。其融化血水，水和鸭卵入羹，皆能取清。下酱油，下胡椒、川椒坋各少许，复挹油滓须尽，视卤咸淡絮之。欲酸加醋，欲甜加甘草泡汤，渐尝滋味，渐以续入。若絮素羹，始用甘蔗煎汤，后用煿竹笋、菜、瓜、瓠汁入汤。欲味鲜甘，则再调以蜜水。余如腥羹，调和淡豆豉，研以入羹，可以代酱，煎后必须滤去其豉。

羹中事件视所宜入。每羹入一件，惟胡荽，葱可并入之。

乳腐、红花子膏、芝麻腐、豆腐、天花菜、羊肚菜、鸡棕、燕窝、海丝菜、蒟蒻、麻菇、蕈、石耳、桑鹅即树鸡，桑之所产、胡桃仁、生栗、生菱、菱腐、地栗、藕、藕腐、竹笋、鸡脚菜、芦笋、蒲蒻、茭白、茭芽、山药、土瓜、丝瓜、瓠、茄、冬瓜、豇豆、刀豆、龙须菜、芼管菜、莼菜、瓮菜、茼蒿、莴苣笋、羊角菜、黄矮菜、瓢儿菜、菘菜、菜薹、酸齑、绿豆芽、韭、胡荽、葱白头、椿芽、槐菜、蒸

---

① 胾（zì）：切成大块的肉。

果、蒸蔬、缨络米①囊括煮之入羹。

羹中之戢，牛、羊、猪鲜肥者为最。或薄破脺用盐水浸，作沸汤微焊者，或煮糜烂者。鸡、鹅亦可斫为轩，烹熟。鱼、虾、蟹等宜焊熟。鸠鸽皆宜。鹿、兔、獐、麂、野猪、黄羊皆宜。《饮膳正要》云："黄羊煮汤无味。"

【译】凡制作新羹，先要烧开水，开始煮少许竹笋、瓜、瓠菜等成清汤，后煮少许鸡、鹅、猪等成清汤，再煮少许鲜虾成清汤，用大火多煮煮，将羹表面的油撇净，滤净羹内的渣滓。羹可以融化血水，水和鸭蛋入羹，都能取清汤。羹内下入酱油，下入少许胡椒、川椒，再将油、渣滓去净，看看羹的咸淡加入适量的盐。如果想羹的口味酸些就加醋，如果想口味甜些就加甘草泡的水，慢慢尝口味，慢慢加入调料。如果做素羹，开始先用甘蔗煮水，再将煮竹笋、菜、瓜、瓠汁加入汤中。如果想羹的味道鲜甜，再调些蜜水加进去。如果想做腥羹，就将淡豆豉研碎加入羹中，可以代替酱，煮后一定要将淡豆豉滤去。

羹中所需要根据是否适合再加入。

乳腐、红花子膏、芝麻腐、豆腐、天花菜、羊肚菌、鸡棕、燕窝、海丝菜、蒟蒻、麻菇、蕈、石耳、树鸡、胡桃仁、生栗、生菱、菱腐、荸荠、藕、藕腐、竹笋、鸡脚菜、芦笋、蒲蒻、茭白、茭芽、山药、土瓜、丝瓜、瓠、茄、冬瓜、豇

---

① 缨络米：薏苡米。

豆、刀豆、龙须菜、毛管菜、莼菜、空心菜、茼蒿、莴苣笋、羊角菜、黄矮菜、瓢儿菜、大白菜、菜薹、酸齑、绿豆芽、韭、香菜、葱白头、椿芽、槐菜、蒸果、蒸蔬、薏苡米。

羹中的肉块，以肥的牛、羊、猪肉为最好。或将肉切成薄的大片用盐水浸泡后，烧开水再微煮，或者将肉片煮至极烂。鸡、鹅也可以切成大片后煮熟。鱼、虾、蟹等适合用火煮熟。鸠鸽都适合加入羹中。鹿、兔、獐、麂、野猪、黄羊等也适合加入羹中。

日月肠

刲^①羊血不入水，置葱数茎，顿暖处，自溶为水。以水调鸡卵黄，灌入羊肠，烹熟为日肠；以水调鸡卵白，灌入羊肠，烹熟为月肠。宜入羹。

【译】杀羊时的羊血不要加水，羊血中放几棵葱，并放在暖和的地方，羊血自动融合水中。用血水调和鸡蛋黄灌入羊肠，煮熟后称为日肠；用血水调和鸡蛋清灌入羊肠，煮熟后称为月肠。日肠、月肠可以入羹。

胜鲟鱼

用大鱼薄切阔朕，以猪肥精肉杂乱饼，几上斫细醢，和胡桃、松仁细切，胡椒、酱苴之，水调绿豆粉粘，蒸之入羹。

【译】将大鱼切成宽的大薄片，将肥猪肉、瘦猪肉相掺

---

① 刲（kuī）：刺；杀。

和做成饼，在几案上剁成肉酱，和入剁碎的胡桃仁和松仁，再加入胡椒、酱用鱼片包裹，用水调和的绿豆粉封口，蒸熟后入羹。

一捻珍

用猪肥精肉杂鳜、鳢鱼，俱纰为脿，几上报斫细为醢，以生栗丝、风菱丝、藕丝、麻菇丝、胡桃仁细切，胡椒、花椒酱调和，手捻为一指形，蒸之入羹。

【译】将肥猪肉、瘦猪肉掺入鳜鱼、鳢鱼，都切成大片，在几案上剁成肉酱，加入生栗丝、风菱丝、藕丝、麻菇丝、剁碎的胡桃仁、胡椒、花椒酱调和均匀，用手捻成一个手指的形状，蒸熟后入羹。

隽永龠

隽，音俊。

乳饼、鳜鱼肉、熟蟹肉、熟猪蹄筋俱作细醢，鸡子同胡椒、花椒酱调和，为片，蒸熟，方切龠入羹。

【译】将乳饼、鳜鱼肉、熟蟹肉、熟猪蹄筋都剁成肉酱，加入鸡蛋、胡椒、花椒酱调和后做成片，蒸熟，切成块入羹。

水陆珍①

黄甲②蒸，取肉，大银鱼、鸡胸肉、田鸡腿肉、白虾肉

---

① 此处底本眉批：可用。必有味，可试之。

② 黄甲：一种大蟹。

斫细醢，鸡、鸭子白，花椒坋盐和一处，溲白酒，为丸、饼，蒸熟入羹。

【译】将大蟹蒸熟后取肉，将大银鱼、鸡胸肉、田鸡腿肉、白虾肉剁成肉酱，将鸡蛋清、鸭蛋清、花椒、盐与前料调和一起，加入白酒，做成丸或饼，蒸熟后入羹。

酥果膏

用腌乳饼，加绿豆粉、白糯米粉、切碎退皮胡桃仁，揉和为丸、饼，甑蒸。或锅汤中煮熟入羹。

【译】将腌乳饼加入绿豆粉、白糯米粉、切碎的去皮胡桃仁，揉和成丸或饼，上甑蒸熟。或者在汤锅中煮熟后入羹。

筋肤髓

猪肤捋洁烹糜烂。其蹄筋亦烹糜烂。猪脊髓、牛腱、羊肩皆宜烹糜烂入羹。

【译】将猪皮毛拔净后煮烂。将猪蹄筋也煮烂。将猪脊髓、牛腱、羊肩肉煮烂，这些都可以入羹。

舌掌跖翅肠胃肝肺肾子①

猪羊舌、鹅舌掌、鸡跖②、鹅鸡翅、鸡肾、鹅鸡肝肺、猪羊肠胃、鱼虾子，俱处置得宜入羹。

【译】（略）

----

① 此处目录为"舌掌跖翅诸汤"。

② 鸡跖：鸡足踵。古人视为美味。

肥瀹粉荸荠粉烫索者、绿豆软粉索粉①

俱宜肥用。胡桃、松子仁、鲜竹笋，用猪肉细切，兼乳饼，熟山药和匀为小丸，用鸡子黄调绿豆粉为小丸，通加肥汁烹，以胡椒、花椒、缩砂仁、葱白、酱调和如冻，先置粉上，絮羹瀹之。

【译】粉都适合荤吃。将胡桃、松子仁、鲜竹笋、切碎的猪肉兼乳饼、熟山药和匀后做成小丸子，用鸡蛋黄调绿豆粉做成小丸，都加荤汤煮熟，加入胡椒、花椒、缩砂仁、葱白、酱调和口味做成像冻一样，将小丸子先放在粉上，再浇上羹。

---

① 此处目录为"肥瀹粉"。

卷

六

杂造制

造茶

三制。《学林新编》云："茶之佳者，造在社前。其次火前，谓寒食前。其下则雨前，谓谷雨前。此建安之造茶。然气有先后，地有寒热，茶有早晚，唯取萌叶为上，不得泥此以论茶也。"

摘茶萌心为上，沸汤微焯之，晾干，绵纸藉炼火上，焙燥。

摘叶于锅中焙柔，以手烦揉之，焙燥。

以叶蒸过，晒干，再以火焙燥。俱以竹箬厚藉，筐筥收。

【译】摘茶选刚发芽的心为上品，用开水微煮，晾干，用绵纸垫底放在炭火上，烤干。

摘来茶叶放在锅中烤软，用手频繁揉，再烤干。

将茶叶蒸过，晒干，再用火烤干。全用厚厚的竹箬垫底，将茶叶收贮在筐筥中。

水木犀①

半含桂花摘采甚洁，入绢囊，置清水中，烦揉去苦，重压令干，叠入瓷罐，竹箬覆掩之，遂以长篾重重侧围箬上，箬心留通一穴，泻清水满渍。须每日易水，永不焉烂。炙燥能久藏。

----

① 木犀：桂花。

【译】采摘干净的半开的桂花，装入绢袋，放在清水中，频繁揉搓去掉苦味，再用重物压出水分，一层一层地码入瓷罐，用竹箸覆盖，再用长竹篾从侧面层层围在竹箸上，箸心留一个穴，倒满清水浸泡桂花。要每天换水，这样桂花永不会蔫烂。将桂花烤干后能长时间保存。

柹①饼

俗作柿，非柿，芳味切，削木片也。

柿霜后半熟者摘之，轮去外皮，日中晒柔，渐以手按抑为饼，再晒起霜收。

【译】霜后摘来半熟的柿子，用刀削去外皮，在阳光下晒软，慢慢用手按成饼，再晒至起霜后收贮。

南枣

《一统志》曰："膏枣。"

南地鲜甜肥枣，汤中微煮，入稻秆藉筐筥中，覆盖一宿，晒干，复蒸之，红而肉厚。小甜枣藉桑叶蒸熟，晒干，纹细而红。

【译】将南方产的新鲜、香甜、个大的枣在水中微煮，用稻秆垫底放入筐筥中，覆盖一夜，晒干，再蒸制，南枣色红而肉厚。将小甜枣用桑叶垫底蒸熟，晒干，枣的纹理细而色红。

---

① 柹（shì）：古同"柿"。因为柿子在树上熟了就会自动落下，所以又指砍木头掉下来的碎片。

北枣、牙枣、红枣、圈枣

北地鲜枣在锅煮熟，急入冷水中，漉起晒干，火炕焙者曰北枣。煮熟，手捻退皮晒干者曰牙枣。生而晒干者曰红枣。生而能轮去皮，锅中藉以厚布，慢火炙干者曰圈枣。

【译】将北方产的鲜枣放在锅中煮熟，快速放入冷水中，捞出后晒干，用火炕烤的称为北枣。枣煮熟后，用手捻去皮、晒干的称为牙枣。生枣晒干称为红枣。生枣且能削去皮，放入锅中用厚布垫底，用慢火烤干的称为圈枣。

葡萄干

取熟甘者，甑蒸柔，日中晒干，复火中焙之。

【译】取熟而甜的葡萄，用甑蒸软，在阳光下晒干，再放入火中烤。

梨干

赤梨切片，窨稍干，甑蒸，再晒之。

【译】（略）

桃干

生桃切，去核，汤中芼，洒少盐，晒干用，加赤砂糖。

【译】（略）

李干

大鲜李汤中芼之，日晒干。

【译】（略）

巴思把饼儿

采花红周正而生坚者，疲去皮，周遭界棱如桔囊状。连晒二日，用手轻轻挼遍，再晒半日，蒸熟，复晒干。其形制气味与本土出产者无异。

【译】采来生、硬且外观端正的沙果，削去皮，切成像橘子瓣的形状。连续晒制两天，用手轻轻揉遍，再晒制半天后蒸熟，再晒干。它的形状、气味与本地出产的没有区别。

蜜瓠瓜

生甜瓜去皮瓤，划之四分。先以熟水洗过，沥干。用蜜汤煎去其水，又入熟水内漉出，拭干。再以蜜慢火煎令甜透，如琥珀色。取出，仍以熟水浴之。取起拭干，即以布藉压令坚实，日晒或火焙，新瓷器收，与真蕉黄者无异也。

【译】将生的甜瓜去掉皮、瓤，切成四瓣。先用白开水洗过，挤干。用蜜水煮去瓜中水分，再放入白开水中捞出，擦干水分。再放蜜中用慢火煮至瓜甜透，像琥珀的颜色。将瓜取出，仍用白开水洗过。取出后擦干水分，用布垫底将瓜压瓷实，放在阳光下晒干或用火烤干，放入新瓷器内收贮，与真蕉黄没有区别。

梅酥

二制。《内则》曰："水醷①。"醷，音意。

用熟梅蒸烂，布绢中沥，去皮核，调少盐，鲜紫苏叶

① 醷（yì）：梅浆。

丝，日中晒干。每梅浆百斤，盐十五斤。

取霜梅连仁核，鲜紫苏叶丝，再熬赤砂糖同捣糜烂，日中晒干。

【译】将熟梅蒸烂，放入布绢中挤干水分，去掉皮、核，和入少许盐，加入鲜紫苏叶丝，在阳光下晒干。每一百斤梅浆用十五斤盐。

取霜后的梅子带着仁核，加入鲜紫苏叶丝，再与熬好的红砂糖一同捣烂，放在阳光下晒干。

果单

先以漆光平之器，少以蜜润使滑，用桃、李、杏等果甘熟者，蒸柔取绢滤其浆，浇于蜜上，置烈日中，常摇振，晒使匀薄，俟干，揭用。林檎、奈子、楸子①等果则生取浆，熬稠浇晒。

【译】先取光而平滑的漆器，用少许蜜涂抹使其更滑，将桃、李、杏等甜而熟的果蒸软后取绢过滤浆水，浇在蜜上，放在烈日下，经常摇晃，使其晒至匀而薄，等干了以后揭下来食用。沙果、奈子、海棠等果子都可以生时取浆，熬稠后浇在蜜上晒制。

细酸

切青梅细丝、茭白细丝，同紫苏新叶浸造霜梅水中，色味俱美，晒绝干。加青桔皮丝，以蜜润用。

---

① 楸子：海棠果。

【译】将切好的青梅细丝、茭白细丝，同紫苏新叶浸泡在做好的霜梅水中，色味俱佳，晒至非常干。可以加入青橘皮丝，用蜜调和后食用。

风栗

《食疗》云："如肾气虚亏，每日空心细嚼之。"

霜后摘之，投水中，试去浮者，以洁布抹干，日晒醒，用越布囊括于中而风戾，常摇动，则令均透。

【译】霜后摘来风栗，投入水中，去掉浮起的，用干净的布将风栗擦干，在阳光下晒制，用越布将风栗包裹进行风干，经常摇动摇动，使风栗均匀干透。

风菱、菱粉

采取新者，晒干，悬筐中风戾。煮去壳，捣晒，罗粉。

【译】采取新鲜的菱，晒后放在筐中挂起来，再让风吹干。将菱煮过并去壳，捣烂后晒干，筛出菱粉。

风藕、藕粉

嫩藕头悬筥中风戾。老藕捣汁加水，帛澄粉，晒。

【译】（略）

风地栗

取绝干嫩多浆者，带土悬筐中而风戾之。

【译】（略）

细糖

用赤砂糖加广糖入锅熬熟，冷定，以炒熟面溲熟芝麻或薄荷叶，缩砂仁末少许，加糖香揉块，随意切片。或纽索，或范为花形，取火焙干。

【译】用红砂糖加广糖入锅中熬熟，凉后用炒熟的面和入熟芝麻或薄荷叶及少许缩砂仁末，再加入糖香揉成面块，随意切成片。或者结成索，或者用模具拓成花形，用火烤干。

杂果糕

炒熟栗去壳，斤半柿饼，去蒂核，煮熟红枣、胡桃仁去皮核各一斤，莲葯末半斤，一处春碓①糜烂揉匀，刀裁片子，日中晒干。有加荔枝、龙眼肉各四两。

【译】将炒熟的栗子去壳，取一斤半柿饼去掉蒂、核，煮熟的去核红枣及去掉皮的胡桃仁各一斤，半斤莲葯末，和在一起用碓春烂后揉匀，用刀切成片，在阳光下晒干。有的加入荔枝肉、龙眼肉各四两。

五美姜、姜粉

鲜嫩姜采抹去皮，每块裁分四处，每斤用白梅半斤，捶碎去仁，同炒盐一两和，晒三日。入甘草末五钱、甘松末三钱、白檀木二钱，晒二日。收入瓷器中。

生姜烂捣，滤汁，晒粉。

【译】将新鲜的嫩姜去皮，每块切分四小块，每斤姜加入半斤捶碎并去核的白梅，同一两炒盐和匀，晒制三天。再加入五钱甘草末、三钱甘松末、两钱白檀木，晒制两天。收

---

① 春碓：春谷的器具。

入瓷器中。

将生姜捣烂，滤汁，晒成粉。

松黄饼

用熟蜜、白砂糖，隔汤顿热，渐和松黄，范为小饼。

【译】将熟蜜、白砂糖隔水煮热，逐渐和入松黄，用模具拓成小饼。

蒲黄饼

《本草》云："市廛①间以蜜溲作果食货卖，甚益小儿。"

摘新蒲黄，同松黄。山药、莲药、芡、栗、菱、藕、荸荠等粉，宜同制，范之为饼。

【译】（略）

雪花饼 ②

用绿豆粉炒熟二斤，柿霜八两，薄荷粉四两，缩砂仁坊一两，炼蜜和之，范为小饼。

【译】将两斤炒熟的绿豆粉、八两柿霜、四两薄荷粉、一两缩砂仁拌后加入炼蜜和匀，用模具拓成小饼。

绿豆粉糕

先用水作沸汤，下熟蜜，下绿豆粉，下姜粉，调适均滑器，润酥油盛之，脱下，刀裁开，以酥油浇。

---

① 市廛（chán）：市中店铺。

② 此处底本眉批：依此法□必胜湖州柿霜。

【译】先将水烧开，下入熟蜜，下入绿豆粉，下入姜粉，调适均滑器内，用酥油润后盛起，再脱下，用刀切开，浇上酥油即可。

赤砂糖

甘蔗捣浆入锅，慢火煎，少续水，不令焦，以石灰少许投调，逐凝厚为糖。

【译】将甘蔗捣浆并下入锅，用慢火煮，加少许水，不要熬焦，加入少许石灰调和，逐渐凝结成糖。

白砂糖

二制。

每赤砂糖百斤，水百斤匀和，先以竹器盛山白土，用糖水淋下，滤洁，入锅煎凝。

白砂糖闽土则宜用水调匀，复煎，入模，则脱为猊糖①之类，今曰响糖。

【译】每一百斤红砂糖用一百斤水和匀，先用竹器盛入山白土，再将糖水淋下，过滤干净，入锅中煮至凝固。

白砂糖闽土适合用水调匀后煮制，再盛入模具拓成狮形的糖，今称响糖。

---

① 猊（ní）糖：制成狮形的糖。

糖霜又曰糖冰。

黄涪翁答雍熙长老诗云："远寄蔗霜知有味，

胜于崔浩水晶盐。"

杨廷秀诗云："亦非崖蜜亦非饧，青女吹霜冻作冰。

透骨清寒轻着齿，嚼成人迹板桥声。"**皮糖**

每上等白砂糖十斤用水五斤，慢火煎熬，以滴水成珠，再俟坚柔停匀①为则。先取瓷罐，截小竹板二十余枝，纵横置其腹间，乃入以所煎之糖，过一宿，以罐覆碗上，令其滴尽糖水。半月两旬视罐中糖霜凝结竹板之上，则击罐而取之。

滴下者再煎得所，置新瓦上，以两杖鼓臂②抽击，遂为皮糖也。皮糖以饧致远不粘。

【译】每十斤上等的白砂糖用五斤水，用慢火熬制，熬至滴水成珠，再等坚韧均匀为止。先取瓷罐，将小竹板截二十多枝，横竖放在瓷罐中，放入所熬过的糖，过一夜，再将瓷罐倒置在碗上，使糖水全部滴出。半个月或二十天后查看罐中的糖霜如果凝结在竹板上，就敲碎瓷罐取出来。

滴下的糖水再煮到火候并放在新瓦上，用两杖鼓的鼓槌抽打，便成了皮糖。皮糖加入饧，长时间都不会黏。

---

① 停匀：均匀。

② 两杖鼓臂：似指两杖鼓的鼓槌。

蕨粉、葛粉

蕨粉作沸汤溲之绒，糖、蜜、豆沙或猪、鱼肉醢为饼，蒸熟。葛粉同。

【译】将蕨粉在烧开的水中做成蓉，加入糖、蜜、豆沙或者是猪、鱼肉酱做成饼，蒸熟。葛粉的做法与此相同。

面筋

用小麦白面十六斤、盐四两，温水和带软。候水脉停当①，少时入冷水一桶，从慢至紧揺②洗，浊则易水，已成面筋，苴箬中，置笼上蒸。有用麦麸，同制。惟先宜揉韧，水中停面，绢滤洁，即小粉也。

【译】将十六斤小麦白面、四两盐用温水和稍软。等水脉齐备，一会儿加入一桶冷水，从慢到快进行揉洗，水混浊后便换水，面筋做好后放入苴箬中，上笼蒸制。有的用麦麸做面筋，做法与此相同。只是先将面揉有韧性，将面放入水中，用绢滤干净，便是小粉。

红花子③膏

释去浮者，臼内捣碎，入汤泡汁，更捣，更煎汁。锅内沸，入醋点，绢挹之，似肥肉。入素食极珍美。

【译】（将红花子放入水中）捞去漂浮的，放在臼内捣

① 停当：齐备；妥当。

② 揺（nuò）：揉；捏。

③ 红花子：别名里库尔土艾布米、吐胡米卡皮谢。为双子叶植物，药，为菊科植物红花的果实。果壳坚脆，里面黑褐色而有光泽。

碎，加入水，再捣，再煮汁。锅开后，点些醋（即成红花子膏），用绢布取出，像肥肉一样。红花子膏作为素食非常好。

绿豆粉

绿豆湛洁之渍，挼去皮，同水磨细，以绢囊洗去渣，取细者加原粉酸浆点定成粉。又以囊沥水干用。豌豆亦可为，有三制：作如索粉①，则加调原糒②，揉匀，两手并搓，入沸汤，漉于冷水中；汤粉则加水调入汤锣，沸汤中旋没之，脱于冷水中；软粉则水调入锅煮，勺于小滑器，脱下，以冷水渍。索、汤者皆宜油煎。

【译】将绿豆洗干净后浸泡，揉搓去皮，同水磨细，用绢袋盛好洗去渣滓，取细的绿豆粉加入酸浆点成粉。另用绢袋沥去水分干用。豌豆也可以做粉，有三种做法：做索粉时，要加入原本稠的粉，揉匀，两手并搓，下入开水中，再捞入冷水中；做汤粉时，要将粉加水调和后盛入汤锣中，将汤锣放入开水中旋转，粉汤凝固后，起汤锣，揭下粉皮放入冷水中；做软粉时，要将粉加水调和后下入锅中煮，用勺子盛入小滑器中，粉脱下后用冷水浸泡。索粉、汤粉都适合油炸。

芝麻腐

芝麻湛洁，水渍，磨糜烂，囊滤去渣滓。煎沸，渐加绿

① 索粉：以绿豆粉或其他豆粉制成的细条状食物。也称粉丝、线粉。

② 糒（jiàn）：表示浓、稠之意。

豆粉，调旋再煎。再视老嫩得宜，入器待冷用。有少加以赤砂糖。每计芝麻一升，清水二升、干绿豆粉八两。

【译】将芝麻洗干净，用水浸泡，研磨极细，用绢袋滤去渣滓。再将磨好的芝麻煮开，慢慢加入绿豆粉，调匀后再煮。芝麻腐老、嫩合适后，再盛入容器中晾凉后食用。有的加少许红砂糖。每一升芝麻，用两升清水、八两干绿豆粉。

豆腐

三制。朱文公先生诗云："种豆豆苗稀，
力竭心已腐。早知淮南术，安坐获泉布。"

黄豆二斗，绿豆二升，用水渍之。候豆肥满，带水磨细，调以油滓，用绢囊尽取其渣置锅中，速火煎熟，翻入一器。将苦卤加水渐滴之，见下凝成小颗，挹入布藉器中，沥出水，为腐，渍冷水内。

面衣未点时宜扬用。渍豆过则少腐，宜次序渍。欲熏晒，唯压实，以充所须。

有磨炒豆筛细三升面，和渍生豆二升浆，煮熟置器压实，甚宜熏晒。

【译】将两斗黄豆、两升绿豆用水浸泡。等豆子充分泡起，加水研磨碎，调入油滓，用绢袋将豆渣全部滤出并放入锅中，用大火煮熟，倒入另一容器。慢慢滴入加水的苦卤，见里面凝成小颗粒，舀入用布垫底的容器中，沥出水分，豆腐就做好了，放入冷水内浸泡。

面衣未点时适合扬用。浸泡豆子时间过长，做出来的豆腐就少，要按顺序浸泡。如果要将豆腐熏晒，一定要压实，来充当所须。

有的将炒豆研磨后筛细取三升面，和入两升浸泡后研磨的生豆浆，煮熟后放在容器中压实，这样做的豆腐很适合熏晒。

乳饼

乳浆曰酪。

取下牛乳，入锅煎熟，就以其酸泔渐渐滴下成聚，布苴为饼。

【译】将牛奶放入锅中煮熟，慢慢滴入酸的淘米水使牛奶聚集，用布包裹做成饼。

乳线

用初煎淡乳饼，入汤锅内，隔器汤中，捻绢片形，上竹木棍卷扯，仍下汤锅，再汤卷扯三五次，上挣床晒干。入少熟油捻，更滑润也。

【译】将初煮的淡乳饼下入汤锅内，隔器放入水中，将乳饼捻成绢片状，上面用竹木棍卷扯出来，再下入汤锅中，再在水中卷扯三五次，放到挣床上晒干。放入少许熟油捻，会更滑润。

酥浓而凝者为酥，清而少凝者为醍醐。

醍醐，音提胡。**抱螺**

取下牛湩^①贮于一瓮，造十字一木钻立于其中，令两人对持，纠缠牵发其精液，在面上者勺之，复定，垫其浓者煎，撇去焦沫，遂凝为酥。有苴白砂糖模为饼。有叠白砂糖，切为糕。

清者加少羊脂肪，烘溶，和以蜜，滴旋水中，而若螺抱者，曰抱螺。皆至寒月可造。凡煎每斤加白萝卜一二片，去其膻尽。乳汁曰湩。今人有以牛、羊骨髓煎之者，亦曰酥。

【译】将牛奶存储在一瓮中，制作一个木十字架立在瓮中，让两个人面对面拿着，搅动并牵发出牛奶中的精液，在表面上的用勺舀出，再定型，将浓稠的煮制，撇去焦沫，便凝固成酥。有的将酥用白砂糖包裹放入模具中拓成饼。有的一层酥一层白砂糖码好后切成糕。

取酥清的加入少许羊油，羊油要烤化，和入蜜，慢慢滴入水中，就像抱在一起的螺，称为抱螺。酥到了冬天都可以制作。煮牛奶时，在每斤牛奶中加入一两片白萝卜，可以去掉膻味。

乳腐

乳饼烦揉，真绿豆粉中水调入锅煎。视老嫩适宜，取贮于器，候冷切用。

---

① 湩（dòng）：乳汁。

【译】将乳饼频繁地揉，加入真绿豆粉用水调和后下入锅中煮制。煮至老嫩合适后取出存贮在容器里，晾凉后改刀食用。

羊羔酒

每白糯米一石，炊作白酒浆，至时以肥羊肉七斤，切块，杏仁煮去皮、尖、苦味一斤，同水煮糜烂，留汁共六七斗，加木香末一两，俟寒倾入浆中。冬酿十日，酒熟取之。

【译】将一石白糯米做成白酒浆，到时间的时候将七斤切成块的肥羊肉，一斤煮过并去掉皮、尖、苦味的杏仁，同水一起煮至极烂，留六七斗汤汁，加入一两木香末，晾凉后倒入白酒浆中。冬季的时候酿造羊羔酒需要十天，酒熟后取出。

蜜酒

白砂糖三斤，水一斗，同煎入瓶内，候温加细曲末二两、酒酵二两，纸幂口，置僻所。春秋十日，夏七日，冬十五日，成美酒一斗。

【译】将三斤白砂糖、一斗水同煮后倒入瓶中，等不冷不热时加入二两细曲末、二两酒酵，用纸封闭瓶口，放在僻静的地方。春秋季酿造蜜酒需要十天，夏季需要七天，冬季需要十五天，最终酿成一斗美酒。

赛葡萄酒

用银、石器将磨碎去皮黑豆入水，加乌梅数个、明矾少许，熬色黑滤洁，调以酒、蜜得所，盛瓶中密封一宿，饮之，与真者同。

【译】将磨碎、去皮的黑豆盛入银或石器中并加水，加入几个乌梅和少许明矾，熬至颜色变黑后过滤干净，调入适当的酒、蜜，盛入瓶中密封一夜，喝起来如同真葡萄酒。

荸荠粉

老荸荠捣取汁，汤锣汤之成粉皮。同藕，成干粉。

【译】（略）

菱腐、藕腐

鲜菱老者捣，滤取汁，加真绿豆粉、蜜、白砂糖，熬成腐。藕同。

【译】（略）

蒸果

蔬笋家曰：门子[①]。

同枣、栗、菱肉、胡桃、榛松仁皆退皮，俱碎切，以绿豆粉调糯，杂糯米粉，和蜜、赤砂糖、缩砂仁、川椒。揉和甑中，蒸粉熟为度。切条段油煎。或和诸肉醢，或入于羹瀹之。

【译】同枣、栗、菱肉、胡桃、榛仁、松仁全都去掉皮并切碎，加入绿豆粉调稠，掺入糯米粉，和入蜜、红砂糖、缩砂仁、川椒。揉匀后放入甑中蒸制，直至粉蒸熟为止。将

① 门子：原文不清。疑为"闷子"。

蒸好的粉切成条或段用油炸制。或者在粉中和入各种肉酱，或者将粉放入羹中煮制。

蒸蔬

用麻菇、蕈、竹笋、木耳、面筋、乳饼、茭白、菱藕碎切，加香油。余同蒸果。

【译】（略）

绿豆芽、赤豆芽

取绿豆水渍二宿，候甲拆①轻释之，纳有窍缸中，以编蒲等覆盖，蔀②屋下，勿见风。常将水灌至湿，透缸窍，令放去其水。俟芽二三寸用。赤豆同。

【译】取绿豆用水浸泡两夜，等绿豆发芽且外皮裂开时，轻轻洗一下，放在里面有孔的缸中，用编蒲等覆盖，放在屋下遮蔽，不要见风。经常灌些水以保证湿润，透过缸的孔，放掉里面的水。等豆芽长到两三寸时可以取用。生红豆芽的方法与此相同。

芥辣

芥菜子湛洁。入器乘湿时研，不停手，绢布沛其浆，贮瓷注中。水沈③冷，加盐少许，或以醋。

【译】将芥菜子洗干净。放入容器中趁湿时研磨，要

---

① 甲拆：也称甲坼。谓草木发芽时种子外皮裂开。

② 蔀（bù）：遮蔽。

③ 沈：汁也。

不住手地磨，再用绢布挤出浆水，灌入瓷罐中储存。浆水凉后，加少许盐，或者加些醋。

松仁油

宁夏有核桃仁压为油。

松子去皮壳，捣糜烂，水绞汁，熬取浮清油。绵滤洁，再熬之。或研压取油。

【译】将松子去掉皮壳，捣至极烂，加水绞成汁，熬汁取浮起的清油。用绵纸过滤干净，再熬制。或者将松子研磨压榨取油。

杏仁油

杏仁捣糜烂，和水煮，取浮油，油绵滤洁，再熬成油。

【译】（略）

大麻子油

麻子，《尔雅》曰蕡①。《诗》曰苴。扶涕切。

麻子碾碎，入汤中煮，渐勺取油藏之。

【译】（略）

芝麻油

芝麻炒熟，研碎，入汤内煮数沸，壳沉于底，油浮于面，勺取。去水收之，较车坊者更新香也。

【译】将芝麻炒熟后研磨碎，下入水中煮几开，芝麻壳沉在锅底，芝麻油浮在上面，用勺取出。去掉水后收贮，这

---

① 蕡（fén）：麻子。

样做的芝麻油比店铺油坊的更新香。

花椒子油

摘新花椒子入菜油锅中煎透，笊起，研糜烂，以绢沛，其香味仍调油中。

【译】摘新鲜的花椒子下入菜油锅中炸透，用笊篱捞出，研磨极烂，用绢布挤压仍调入油中。

糖香

零陵香一斤、甘松四两、藿香一两、丁皮二两、官桂花四两、甘草半斤、荔枝壳半斤、松子仁一斤，俱为细末和匀。

【译】（略）

合香头

麝香一钱、生姜汁四两、赤砂糖一斤。先将麝香乳①细，渐入姜汁，乳令为胶，入糖再乳，停匀，盛瓷罐内。取绵纸、油纸幂口甚密，置饭上蒸透。下于食物，香最酝②藉。

【译】取一钱麝香、四两生姜汁、一斤赤砂糖。先将麝香研磨碎，逐渐加入姜汁，搅成胶状，加入糖再搅均匀，盛入瓷罐内。取绵纸、油纸将罐口封闭严实，放在饭上蒸透。将合香头放到食物中，醇厚芳香。

---

① 乳：研磨。

② 酝（yùn）藉：又作"酝籍"。宽和有涵容。酝，酿酒。

红曲

用粳米煮熟烂饭，煎赤灵芝草汁溲为团，中穿一穴，上下撷辣蓼叶覆藉。三五日未红，再煎赤灵芝草汁常灌之，常浴之，仍以蓼覆红为度。晒干收。七月八月可造，汤浸，研之，为染食物所须。

【译】用粳米煮成熟饭，用煮好的红灵芝草汁和成饭团，中间穿一穴，上下用摘来的辣蓼叶覆盖、垫底。如果三五天后饭团没有红，就再煮红灵芝草汁频繁灌入，经常淋水，仍然用辣蓼叶覆盖，直至饭团红了为止。将饭团再晒干后收贮。七八月时可造红曲，将红曲用水浸泡并研磨碎，用来为食物染色用。

浆水

炊熟粟米，乘热[1]投冷水中，浸五七日用。夏月易酸。稻米饭亦宜。

【译】将粟米蒸成饭，趁热投入冷水中，浸泡三十五天后用。夏季容易酸。用稻米蒸饭也可以做浆水。

齑水

菘菜作沸汤焯之，入煮面绝清汤中。用小缸盛菜，不必多酸即用。冬宜近熟热，易熟。

【译】将大白菜用开水煮制，放入煮面的非常清的汤中。用小缸来盛大白菜，不必很酸即可用。冬季要将大白菜

---

① 热：原文字迹不清，姑从之。

宋氏养生部（饮食部分）

321

靠近热的地方，容易熟。

果品等物宜生宜干宜制用未尽者[1]

荔枝鲜干去壳、龙眼鲜干去壳、梅子青宜糖，黄宜去皮糖蜜、杏子、杏梅、桃子《礼》曰："胆之。"《日抄》云："去其毛也。"《家语》曰："哀公以黍雪桃。孔子对曰："不闻以贵雪贱也[2]。"王桃、樱桃、李子干或再蒸、奈子、林檎、频婆出南粤，去核可煮、枇杷去皮宜蜜、杨梅用盐、梨子轮去皮、沙桔皮囊皆美、衢桔、早黄桔、蜜桔、穿桔、塘南桔、匾桔青胜于黄、绿桔以上皆去皮、金桔用皮，有皮肉皆甘者、蜜柑皮甘于肉、香柑干柑、干柑、蜜昙柑、脱花蜜柑生熟皆美，以上皆去皮、牛乳柑用皮、波斯柑去皮、青柑熟酸去皮、酒柑切宜酒、柚食皮、石榴剖子用、羊枣干、葡萄有干者或再蒸、葡萄煎酒调用、菱米鲜枣、红枣、南枣、圈枣、牙枣、木枣、木瓜宜霜后、无花果、郁李、鲜栗去壳衣、马槟榔去壳取肉食之，饮冷水少许，其热为蜜、楸子、果单、枝头干、蕉黄去壳、柿子秋分时滥用。每担先入器，作沸汤二担，投石灰一升，搅匀浸没其沛，草覆一宿，起。惟铜盆则宜。寒露时熟用。以桶底及四周布以荷叶，中入寒梨三四枚，或木瓜，麸团内柿，侧之，蒂相向上。又以荷叶覆满一二日，皆熟。绿柿百枚，中置肥皂二

---

[1] 此处目录为"果品未尽制宜"。

[2] 此处底本眉批：桃子丝毫无鲜味，竟成思味品。

梃，覆之一二宿自熟。柿饼宜中藏胡桃仁、西瓜削去皮华之，或取汁加蜜，隔汤顿，再以冰沈冷用、熟甜瓜削去皮华之、甘蔗榨浆用、**糖霜**、**响糖**宜胡桃仁、皮糖、那合豆煮熟炒干用、雪蛆宜花椒、盐、蜜、烧酒。《杂志》云："峨嵋雪蛆消内热。"

【译】（略）

凡禽兽鱼虫烧腌糟干者俱宜醋；凡禽兽鱼等熏晒干甚者用捶软洗洁烹，如咸，更调盐水浸一宿，洗烹，烹必易水；凡酱渍、盐腌、控干、晒干等长久之菜宜洗淡用油炒，同花椒、葱白、生姜；凡食油酪物必用烹茶饮之，食盐物必用温酒饮之，食荤必用北枣食之。

【译】凡用禽、兽、鱼、虫烧制、腌制、糟制干的食材都要放些醋；凡禽、兽、鱼等熏、晒得很干的食材，都要捶软、洗净后烹煮，如果味道咸，就调入盐水浸泡一夜，洗净后烹煮，煮时一定要换水；凡酱渍、盐腌、控干、晒干等长久存放的菜，要洗得淡些再用油炒，加入些花椒、葱白、生姜；凡吃油酪物一定要配上煮好的茶喝，吃咸的食物一定要喝些温酒，吃荤的食物一定要同吃北枣。

远方一时难制之物①

巴旦杏、桬棠果、八担仁②、余甘子③、必思答仁、羊桃剖、榅桲去浮毛。榅，乌浸切。桲，蒲浸切、菠萝蜜剖、大药削、优昙钵④、鲜子、黄弹、君迁子⑤、鹦哥舌⑥、庵罗菜、宜母子⑦、卢都子⑧、卢桔、米豆⑨、回回豆⑩、茄莲⑪、根子菜⑫、藤菜苏东坡云："丰湖有藤菜，可以敌莼

---

① 此处目录为"远方难制之物"。

② 八担仁：巴丹杏仁。

③ 余甘子：别名油甘子、庵摩勒、米含、望果、木波、滇橄榄、余甘果。蒴果呈核果状，圆球形，外果皮肉质，绿白色或淡黄白色，内果皮硬壳质。树根和叶供药用，能解热清毒，治皮炎、湿疹、风湿痛等。

④ 优昙钵：梵语的音译。又译为优昙、优昙华、优昙钵罗、优钵昙华、乌昙跋罗。即无花果树。

⑤ 君迁子：一种柿。

⑥ 鹦哥舌：红盐草初结的果实。

⑦ 宜母子：柠檬。

⑧ 卢都子：胡颓子的别称。

⑨ 米豆：精米豆，也叫竹豆、揽豆、爬山豆。精米豆的营养价值高，其主要生物化学成分与小豆相似。

⑩ 回回豆：豌豆。

⑪ 茄莲：茎蓝。

⑫ 根子菜：君达菜，也叫甜菜、光菜、牛皮菜，君子菜。

菜。"、高河菜①、罗汉菜、绰菜②、蕺菜③。

　　【译】（略）

---

① 高河菜：大理苍山特产的高山名贵植物，药用全草。

② 绰菜：睡菜。

③ 蕺（jí）菜：也叫鱼腥草。多年生草本植物。茎和叶有腥味，可供药用，嫩茎叶可食。

食药制

桂花饼

三制。

摘桂花采去蒂，磨至二三次，通细，沛去苦水，范脱小饼。布纸中，又以纸覆密，置炼火上，一时炙燥之。常亲烟突间收贮。

取饼复磨，为坋，同白砂糖、梅酥捣，范小饼。

用鲜花三升碓磨绝细，去苦水，孩儿茶五钱、诃子[①]去核四钱、甘草五分，俱磨细坋捣匀，以银范或象牙范为小饼，晒干再火炙。范中常滑以苏合香油或松仁油，则光润花形见也。瓷罐收，常食开胃散积滞。用花入囊置水中，烦揉去苦，制饼佳。

【译】采摘桂花去掉蒂，研磨两三次，研磨极碎，挤去苦水，用模具拓成小饼。将饼放在纸中，再用纸覆密，放在炭火上，烤一个时辰将饼烤干。要在离烟囱间近的地方收贮。

取桂花饼再磨后拌和，同白砂糖、梅酥后捣匀，用模具拓成小饼。

用碓将鲜花研磨极细，去掉苦水，加入研磨碎的孩儿

① 诃子：乔木。果皮和树皮富含单宁，为一有价值的鞣料植物，系制革工业重要原料之一。果实供药用，能敛肺涩肠，为治疗慢性痢疾的有效良药。幼果干燥后通称"藏青果"，治慢性咽喉炎、咽喉干燥等。

茶、诃子、甘草并拌匀，用银模具或象牙模具拓成小饼，晒干后再用火烤。模具中要常抹上苏合香油或松仁油，拓成的饼光润且花形可见。将做好的饼用瓷罐收贮，常吃可以开胃、散积滞。

香茶饼①

孩儿茶四钱、芽茶四钱，六安州产者、白檀香一钱二分、白豆蔻仁一钱五分、缩砂仁五分、沈香②二分半、片脑四分、麝香二分，俱为细坋，煎甘草膏，同白糯米细粉为糊，溲匀，银范为小饼或小条，晒干。常噙化，清心化气。

煎甘草膏方：粉甘草一斤锉碎，沸汤一锅浸一宿。煎减至一半，去粗，滤洁，取汁。复入锅，慢火熬至二碗。易入砂锅中，炼火上再慢熬，至一大碗，以成膏为度。查可再煎。

【译】将孩儿茶、芽茶、白檀香、白豆蔻仁、缩砂仁、沉香、片脑、麝香全研磨碎拌匀，加入煎甘草膏，同白糯米细粉一并调成糊，和匀，用银模具拓成小饼或小条，晒干。经常噙化香茶饼，可以清心化气。

橙糕③

本出处州。

用黄橙皮去筋衣，作沸汤焯之，磨绝细，绢囊盛括，

---

① 此处底本眉批：甜香燥热之物，不宜用。

② 沈香：沉香。

③ 此处底本眉批：也可。

入水中洗出，坋定，浓晒干。每十斤熟蜜四斤，揉和，置瓷盘内晒露，至于坚柔停匀，裁为糕片。剪竹箬藉收。酒饭后食，散肠胃恶气，消食醒酒，有委顿[1]亦能发汗。

【译】用黄橙皮去掉筋膜，用烧开的水微煮，研磨极细，用绢袋盛起来，放入水中洗净后取出，拌匀，晒干。每十斤黄橙皮用四斤熟蜜揉和，放在瓷盘内日晒夜露，直至软硬适度，将橙糕切成片。剪竹箬垫底将橙糕收起。酒饭后吃橙糕，可以散肠胃恶气、消食醒酒，可以解除疲乏也能发汗。

柤糕[2]

本出汀州。

用查梨去皮核，大切片，蒸过熟，磨糜烂，滤洁晒之，和赤砂糖，复晒坚柔适宜。或范为饼，或裁为片，剪竹箬藉之收。食后甚益脾胃，消化宿积[3]。

【译】将查梨去掉皮、核，切成大片，蒸至熟透，研磨极烂，过滤干净后晒制，和入红砂糖，再晒至软硬适度。或者用模具拓成饼，或者切成片，剪竹箬垫底收贮。柤糕吃后非常益于脾胃，可以消化宿积。

---

① 委顿：颓丧；疲困。

② 此处底本眉批：予在金陵见一闽人带来，称香皮糖，问其造法，与此相同。

③ 此处底本眉批：也可。

紫苏糕^①

紫苏叶晒干，一斤、薄荷叶晒干，八两、杏仁煮去皮尖，炒四两、白豌豆仁四两、缩砂仁四两、干姜四两、乌梅肉焙干，四两，俱为末，每斤计熟蜜六两，和匀裁为片用。食之下气开胃。

【译】将紫苏叶、薄荷叶、杏仁、白豌豆仁、缩砂仁、干姜、乌梅肉都研磨成末，每斤加入六两熟蜜，和匀后切成片吃。吃了紫苏糕可以下气开胃。

梅苏膏饼^②

用鲜紫苏叶盐腌二三宿，以梅苏调白砂糖染之，再晒，再染，干，细研膏，入模为饼。食之能下气、生津液。梅苏同前一制者。

【译】将鲜紫苏叶用盐腌两三夜，蘸上调和匀的梅苏、白砂糖，再晒制，再蘸，再晒干，研成膏，放入模具中拓成饼。吃了梅苏膏饼可以下气、生津液。

甘露膏饼^③

用乌梅蒸取肉一两、白砂糖四两、薄荷叶为坋四钱，三味捣为膏，模为小饼。噙化，生津止渴。

【译】将乌梅蒸后取肉同白砂糖、薄荷叶拌匀，将三种

---

① 此处底本眉批：可。

② 此处底本眉批：可。

③ 此处底本眉批：冰梅丸。

原料捣成膏，用模具拓成小饼即可。嗑化甘露膏饼可生津止渴。

法制陈皮 [①]

陈皮去白一斤、青盐四两、甘草四两，锉碎，用水同入锅，高三味三寸许，煎水竭为度。惟取陈皮碎锉晒干。治风热痰，能醒酒。

【译】将陈皮、青盐、甘草加水同放入锅煮，水要高过三种原料三寸左右，直至将水煮干为止。可以只用锉碎晒干的陈皮来制作。吃了这种陈皮可治风热痰也能醒酒。

法制半夏 [②]

半夏一斤、朴硝四两用水浸一月余，干，只加水，试其味至不麻为度。别取水湛洁，复以清水浸一二日，漉起晒微干，锉薄片，加生甘草四两，俱锉和匀，晒燥收。治风湿痰，止恶心。

【译】将半夏、朴硝用水浸泡一个多月，如果水干了，就只加些水，尝尝味道不麻了为止。另取水将半夏洗干净，再换清水浸泡一两天，捞出后晒至微干，锉成薄片，加入生甘草，全锉后和匀，晒干后收贮。法制半夏可以治风湿痰、止恶心。

---

① 此处底本眉批：可。

② 此处底本眉批：诸方皆损□消导之剧，不宜轻用。

法制缩砂仁

缩砂仁去皮十两，以朴硝水浸一宿，水洗晾干，入少麻油炒香燥、官桂花一钱、甘草炙一钱俱为末。遇酒食后细嚼之，消化水谷^①，温暖脾胃。

【译】将缩砂仁、官桂花、甘草研成末。在喝酒吃饭后细嚼法制缩砂仁可以助消化、温暖脾胃。

法制草豆蔻

草豆蔻仁三两、生姜五两，切片，同草豆蔻仁炒过，又以水二升，慢火同煮，水竭为度，取出俱焙干、白豆蔻仁五钱、益智仁五钱、莪术^②煨五钱、粉甘草炙一两五钱、盐炒一两五钱，右为末。每用细嚼，去胃寒，消宿食。

【译】将草豆蔻仁、生姜、白豆蔻仁、益智仁、莪术、粉甘草、盐，右为末。每吃法制草豆蔻时要细嚼，可以去胃寒、消宿食。

法制槟榔

槟榔鸡心者一两，切作细块、缩砂仁一两、白豆蔻仁一两、丁香切作细条，一两、粉甘草切细块，一两、桔皮去白，切作细条，八两、生姜切作细条，八两、盐二两，右件用河水两碗浸一宿。次日用慢火于银、石器中煮干，焙干，入瓷瓶收。每用细嚼，治酒食过度、胸膈膨满、口吐清水、一切积

---

① 水谷：水液和谷物等饮食的统称。

② 莪（é）术：别称莪药、莪茂、青姜、黑心姜、姜黄，为多年生宿根草本。根茎称"莪术"，供药用，主治气血凝滞、心腹胀痛、症瘕、积聚、宿食不消等。

聚。今南粤有瘴气，以槟榔杂扶留藤、瓦屋子灰，食之。

【译】将槟榔、缩砂仁、白豆蔻仁、丁香、粉甘草、橘皮、生姜、盐用两碗河水浸泡一夜。第二天用慢火在银器或石器中煮干，再烤干，放入瓷瓶内收贮。每吃法制槟榔时要细嚼，可以治酒食过度、胸膈膨满、口吐清水、一切积聚。

法制杏仁

五月采取杏仁三斗，去双仁、去尖，汤退皮，早朝蒸至午时，更慢火微烘之，至七日止。每日空心随意服食，驻颜延寿。

【译】五月的时候采来三斗杏仁，去双仁、去尖，用热水去皮，从早朝蒸至午时，再用慢火微烘，烘至七天停止。每天空腹随意吃法制杏仁可以驻颜延寿。

法制生姜

生姜十两切作片子，用青盐掺过，再以小麦面和停，焙干、官桂去皮、青皮去白、陈皮、半夏姜制、白术以上各一两、荜澄茄①、丁香、木香以上各二两五钱、白豆蔻仁、白茯苓去皮、缩砂仁以上各一两五钱、葛根、甘草炙，各五钱，右为末。随意服食，治饮酒过多，或生冷停滞，呕逆恶心，不欲饮食。

【译】将生姜、官桂、青皮、陈皮、半夏、白术、荜澄

---

① 荜澄茄：中药名。为樟科植物山鸡椒的干燥成熟果实。秋季果实成熟时采收，除去杂质，晒干。生用。

茄、丁香、木香、白豆蔻仁、白茯苓、缩砂仁、葛根、甘草研成末。随意吃法制生姜，可以治饮酒过量或生冷停滞、呕逆恶心、食欲不振。

法制糖球子[①]

鲜糖球子从顶中去核一斤，盐二两，腌三宿，压干、草果仁一两、缩砂仁一两、槟榔三钱、诃梨勒[②]调面直之，煨，去核，三钱、甘草炙，三钱、干姜炮，五钱、丁皮五钱、陈皮四钱、青皮四钱、大麦芽炒，去糖一两、赤砂糖再熬，不拘。右取草果仁以下十味，碾为绝细末，用糖和糖球子腹中实满，多则掺于其上，叠瓷器内。或通捣糜烂为饼。凡酒饭后嚼之，大能消食，不损脾胃。

【译】鲜山楂、草果仁、缩砂仁、槟榔、诃梨勒、甘草、干姜、丁皮、陈皮、青皮、大麦芽、赤砂糖，将草果仁以下的十味原料碾成极细的末，与糖和入山楂腹中填实填满，多了就撒在山楂上面，一层一层地码入瓷器内。或者将以上原料全部捣烂做成饼。凡在酒饭后嚼法制山楂，很能消食且不会损伤脾胃。

丁香饼子

半夏汤泡七次，二两、白茯苓去皮一两、丁香五钱、白术炒一两、白姜炮，一两、甘草炙，一两、白扁豆姜汁浸，

---

① 糖球子：山楂。

② 诃梨勒：梵语，意译为柯子。植物名。常绿乔木。果实可入药。

蒸熟，一两、桔红去白，二两。右为细末，生姜汁煮薄面糊为饼，如棋子大。酒饭后嚼一饼，生姜汤下，温胃去痰，解酒，进食，宽中和气。

【译】将半夏、白茯苓、丁香、白术、白姜、甘草、白扁豆、橘红研成细末，加入生姜汁煮成薄面糊并做成像棋子一样大的饼。酒饭后嚼一饼丁香饼，用生姜汤送下，可以温胃去痰、解酒、增强食欲、宽中和气。

丁沈煎丸

白豆蔻五分、缩砂仁、荜澄茄、木香、白檀香、薄荷叶、甘松、陈皮、官桂花各五钱、丁香、沉香各五分、白茯苓去皮，二两、百药煎①一两、片脑二分、硼砂②三分，俱为细末，甘草膏和匀，为丸如绿豆大。酒饭后白汤送下十丸，消酒化食。

【译】将白豆蔻、缩砂仁、荜澄茄、木香、白檀香、薄荷叶、甘松、陈皮、官桂花、丁香、沉香、白茯苓、百药煎、片脑、蓬砂全研成细末，用甘草膏和匀，做成绿豆大的丸。酒饭后用白开水送下十丸可以消酒化食。

---

① 百药煎：中药的一种。它是由五倍子同茶叶等经发酵制成的块状物，主要用于呼吸系统以及消化系统的治疗与调理。

② 硼砂：蓬砂，也叫鹏砂、盆砂。气味苦、辛、暖、无毒（李时珍认为：甘、微咸、凉、无毒）。

姜附丸

香附①子炒去毛一斤，用河水浸，秋冬二日，春夏一日一夜，沥出新水流入银、石器中，加水浸香附于上寸余。次取大蒜三十个，去皮捣，铺在附子上浸，火熬之。候蒜如糊，即用银匙，不往手搅二三百转，以蒜不见汁干为度。候冷，每香附子一个切作四五段，火焙干、神曲炒黄，八两、干姜炮，四两、荜拔②、丁皮、缩砂仁炒、胡椒各二两、陈皮用盐水浸，焙干，二两、有寒加附子炮，去皮、脐，二两、桂一两，俱待冷为细末，用蒸饼汤浸一宿，取布苴捩③去水，和药丸如梧桐子大。每服五十丸，不拘时，白汤送下，治脾胃虚弱。壮人服之，一生无疾，又能引年④。

【译】将香附子、神曲、干姜、荜拔、丁皮、缩砂仁、胡椒、陈皮、有寒加附子、桂全凉后研成细末，用蒸饼水浸泡一夜，取布包裹这些原料并扭去水分，和成梧桐子大的药丸。每次服姜附丸五十丸，不论时间，用白开水送下，可以治脾胃虚弱。身体强壮的人服了姜附丸，一生不会有疾病，又可以延年益寿。

---

① 香附：原名"莎草"，始载于《名医别录》，列为中品。《唐本草》始称香附子。《本草纲目》列入草部芳草类，名"莎草香附子"。

② 荜拔：有特异香气，味辛辣。以肥大、饱满、坚实、色黑褐、气味浓者为佳。常用调味品，有矫味增香作用。多用于烧、烤、烩等菜肴。亦为卤味香料之一。

③ 捩（liè）：扭。

④ 引年：延长年寿。

曲蘖枳术丸

神曲炒、麦芽炒，去糠、枳实①同麸炒，去麸，各一两、白术三两，俱为细末，荷叶苴饭，烧捣为丸，如梧桐子大。强食过饱，温水下五十丸。

【译】将神曲、麦芽、枳实、白术全研成细末，用荷叶包裹饭，烧熟后捣成梧桐子大小的丸。如果吃得太多太饱，用温水送下五十丸曲蘖枳术丸。

八仙散

铁翁张居士采药华山，遇八道人，

各赐一药与之，故其方曰"八仙散"。

干葛纹细嫩有粉者、白豆蔻仁去皮壳、缩砂仁实者、丁香大者，以上各半两、甘草粉者，一分、百药煎一分、木瓜盐窨，加倍用、烧盐一两。右件八味共细锉。人不能饮酒者，只抄一钱细嚼，温酒下，能饮酒不醉，亦治酒病②。《寿亲养老书》云："醉乡宝屑，无如此方之妙。"

【译】将干葛、白豆蔻仁、缩砂仁、丁香、甘草、百药煎、木瓜、烧盐这八味药都锉碎。不能喝酒的人，只要取一钱放嘴里细嚼，用温酒送下，可以喝酒不醉，也能治酒病。

醍醐汤

乌梅一斤，捶碎，甜水四大碗，煎至一碗滤渣、白砂蜜

---

① 枳实：中药名；属芸香科植物酸橙及栽培变种或甜橙的干燥幼果。

② 酒病：犹病酒。因饮酒过量而生病。

五斤、缩砂仁为末，五钱，入银、石器中慢火熬成赤色膏为度。取下放冷，加白檀香为末，三钱、麝香一字①，搅匀于瓷、石器内，盛顿封口一宿。夏月冷水调，冬月沸汤调服。歌曰："乌梅化痰止烦渴，蜜生津液润心肺。白檀大能消暑毒，麝香通窍辟邪气。"

【译】将乌梅、白砂蜜、缩砂仁放入银、石器中用慢火熬成红色的膏子为止。取出放凉，加入白檀香、麝香，盛入瓷、石器内搅匀并稍停一会儿后封闭一夜。夏季用冷水调服，冬季用开水调服。

蔻相入朝汤

沈香、木香、人参、肉豆蔻调面苴，煨、大茴香、草豆蔻仁调面苴，煨、荜澄茄、甘草各等分，俱为细末，以沸汤入盐少许，空心点服二三钱，冲冒雾气，春冬不可无。

【译】将沉香、木香、人参、肉豆蔻、大茴香、草豆蔻仁、荜澄茄、甘草全研磨成细末，用开水加少许盐，空腹点服两三钱，可以冲冒雾气，春、冬季不可缺少。

厚朴②汤

宋朝士俟朝于文德殿，守堂卒每以厚朴汤进。

厚朴去粗皮，锉片用生姜汁三染三焙之，一斤、桂心三两，右和一处。心下痞闷，不欲饮食，沸汤泡服。

---

① 一字：古时用药量，取古铜钱上一个字的容量为单位。

② 厚朴：中药名。味辛，性温，具有行气化湿、温中止痛、降逆平喘的功效。

【译】（略）

草果汤

草果仁锉，微焙，一斤、官桂去粗皮，锉，微焙，四两五钱、甘草粉者炙，锉，二钱。右和一处。肉食过多，心中嫌恶，每用二钱，加炒盐少许，沸汤泡服。亦治食疟[①]。

【译】将草果仁、官桂、甘草和为一处。对肉食过多、心中嫌恶等，每次取两钱，加入少许炒盐，用开水泡服。此汤也治食疟。

---

① 食疟：病名。因饮食不节，损伤胃气致疟疾而见善饥不能食，食后支满腹痛者。又称胃疟。

收藏制

总论

茶：常近火，气味不变。又忌烟埃霉明饥切顤①之忍切。茶蕂②同茶。

【译】茶的收藏方法：经常将茶靠近火。茶又忌尘埃，会发霉变黑。茶蕂的收藏方法与茶相同。

酒：先用瓮汤泡涤洁，又无损沁③，入热酒封后，只以石灰薄调染瓮下一半，上架收。不宜亲湿地及日照，并咸瓮。沁，七锡切。

【译】酒的收藏方法：先将瓮用水浸泡并洗干净，瓮没有破漏的地方，倒入热酒封闭后，只用少许石灰调水涂抹瓮的下一半，放到架上收贮。酒瓮不要靠近湿的地方，也不要有日光照到，咸瓮也是一样。

糟：同酒。

【译】（略）

酱：常用日晒，不宜于日中动。忌着雨水，则生虫。有虫则加熟油或盐□□卤④。

【译】酱的收藏方法：将酱经常日晒，在阳光下晒制时

---

① 霉顤（zhěn）：发霉变黑。

② 蕂（chéng）：《本草纲目》作苦蕂。

③ 损沁：指破损漏水。

④ 盐□□卤：二字不清，似为"盐中苦卤"。

不要动。酱忌沾雨水，否则会生虫。如果有虫，要在酱中加入熟油或盐中的苦卤。

醋：用好瓮，架□□□中①，不宜亲湿，不宜动。

【译】醋的收藏方法：将醋倒入好的瓮中，架在阴凉的屋子中，不要靠近湿的地方，也不要动。

油：宜漆桶瓷□□□②，虽用盖，亦为一窍，不宜泥封，尽能作臭。《博物志》云："积油满万石，自然生火。"

【译】油的收藏方法：要用漆桶、瓷缸收贮，虽然要盖盖，也要开一孔，不要用泥封闭，会使油变质。

盐：床上以竹器盛，床下甃③以浅池，池外铺之以缸，令流苦卤贮之。

【译】盐的收藏方法：床上用竹器盛盐，床下挖个浅池，池外放上缸，使缸内流入苦卤后收贮。

白砂糖：入桶中，封固。

响糖：宜火炙日晒，畏④南风。

【译】（略）

糖霜：入新瓮，以箬封之，悬火侧，虽久不融。

【译】糖霜的收藏方法：将糖霜放入新瓮中，用箬叶封

---

① 架□□□中：三字不清，似为"架于凉室中"。

② 瓷□□□：三字不清，似为"瓷缸收上"。

③ 甃（zhòu）：井壁。

④ 畏：怕。

闭瓷口，放在火的旁边，虽然时间久但糖霜不会融化。

生、熟蜜：皆宜陶瓷。蜜未煎者曰白砂蜜，已煎者曰紫蜜。

【译】生、熟蜜的收藏方法：都要用陶瓷来收贮。未熬的蜜称为白砂蜜，熬过的蜜称为紫蜜。

禽、兽、鱼腊：腌者，皆宜近火气。

【译】禽、兽、鱼腊的收藏方法：要收藏腌过的，都要靠近火。

烘鱼：纸苴之，再烘，藏晒热小麦中，不生毛蛀。

【译】烘鱼的收藏方法：将鱼用纸包裹，再烘，收藏在晒热的小麦中，不会生蛀虫。

乳饼：用灰和盐腌藏可久。

【译】（略）

酥：用瓷罐收。熔则至冬再煎。

【译】酥的收藏方法：用瓷罐收贮。如果酥融化了，到了冬天再熬。

窨鱼：收瓷缸中不枯。

【译】窨鱼的收藏方法：将窨鱼收贮在瓷缸中不会干。

白鲞：苴以麦稍，不红馁，藉以日晒，常白。

【译】白鲞的收藏方法：将白鲞用麦秸包裹，不会发红、腐败变质，拿到阳光下晒制，鲞总是白的。

银鱼干：晒，茭叶、蕴藻苴之，不黄。

【译】银鱼干的收藏方法：将银鱼干晒过，用茭叶或蕴藻包裹，银鱼干不会变黄。

干对虾、虾尾：皆杂蒜囊，用蒲蒌苴之，置通风处。

【译】干对虾、虾尾的收藏方法：将干对虾、虾尾都掺入蒜瓣，用蒲蒌包裹，放在通风的地方。

黄甲：畏蚊虫嘬①足怪切，畜之则穿作浅坑筑实，四周涂以秕谷，和泥纳于内，上用芦蕈盖覆，又掩以土，留窍通气，永不瘦。有以蒲蒌水湿苴之，实压，常以水洒润，则可久留。有以酒坛封口，土少盐调薄散纳缸中，置蔀屋下，瘦者亦肥。

【译】黄甲的收藏方法：黄甲怕蚊虫叮咬，饲养时要挖个浅坑并筑实，四周涂上秕谷，和泥在坑内涂抹，上面用芦蕈覆盖，再掩上土，留孔用于通气，黄甲永远不会瘦。有的用湿了的蒲蒌包裹黄甲，压实后常洒水湿润蒲蒌，这样黄甲可以长时间保留。有的将黄甲装入酒坛封好口，用土加少许盐调匀后撒在缸中，放在屋下遮蔽，这样做瘦了的黄甲也可以长肥。

蟹：畏火明，畏雾笼。冬月以蒲蒌苴之，置诸糠稳中可久留。《蟹谱》曰："凡糟蟹用吴茱萸一粒，置脐中，经岁不沙。"《归田录》曰："糟蟹者瓮底加皂荚半梃②，经岁

---

① 嘬（zuō）：叮咬。

② 梃（tǐng）：竿状物的计量单位，相当于"杆""支"。

不沙。”

【译】蟹的收藏方法：蟹怕火光，怕雾笼罩。冬季用蒲篓包裹蟹，放置各种糠中可长时间保留。

蚶、蛤、蚬类：畏雷声，苴以蒲蒌，压以重物则生。

【译】蚶、蛤、蚬类的收藏方法：蚶、蛤、蚬类怕雷声，用蒲篓包裹，压上重物蚶、蛤、蚬类不会死。

芋魁：切片或全枚^①，晒干，收干糠稳干土中。

土瓜、山药、香芋、落花生等：皆全枚，同芋魁。

【译】（略）

茄：取新瓮，于六月中晒。又，取茭叶截寸许，晒十分干。安茄之日，瓮与茭叶晴日早晒，至亭午^②摘茄叶带蒂无伤者。先铺茭叶在瓮，铺茄叶一层层叠之，幂以箬叶，涂以泥，置空板上，至春亦如新。或瘗于水淋，淡晒干，灰中。

【译】茄的收藏方法：取来新瓮装茄，要在六月中晒制茄子。另取茭叶截成一寸左右，晒制十分干。盛茄这一天，将瓮与在晴天的时候提前晒好的茭叶，到中午再摘来带叶、蒂且没有破的茄子。先将茭叶铺在瓮中，铺一层茄叶码一层茄子，再用箬叶覆盖，瓮口涂上泥，放在空板上，到春天茄子跟新鲜的一样。或者将茄子放在水中淋，微晒干，再放在灰中。

---

① 全枚：整个的。

② 亭午：正午；中午。

黄瓜：瘗水淋，晒干，淡灰中，能留于冬。

【译】黄瓜的收藏方法：将黄瓜放在水中淋过，微晒干，放在灰中，能保存到冬天。

西瓜：圃中摘下，露过一宿，绳络之高悬通风处，可以经冬。

【译】西瓜的收藏方法：在圃中摘下西瓜，露水打一夜，用绳绑好悬挂在通风的高处，可以保存过冬。

晒腌瓜茄：用麦稻藉，则洁白。

天花菜、羊肚菜、鸡棕、燕窝菜、干蕈、石耳、木耳、干竹笋、干麻菇等：俱宜近火气。

鲜麻菇：藏麸面中，能留二三月。

海丝菜、紫菜、鹿角菜、裙带菜、苔菜等：常日晒，置通风处。

【译】（略）

栗：春半①时，火烙其芽，入沙瓮瘗之。有十月间晒二三日，汤中煮熟，晒干入新瓮中，可留一二年。干甚，用则再煮。有以调泥涂干壁间，久则如风栗。

【译】栗的收藏方法：在春季过半时，用火烤栗芽，再放入砂瓮里。有的在十月的时候将栗子晒两三天，放入水中煮熟，晒干后放入新瓮中，可保存一两年。如果栗子非常干，就用水再煮。有的用泥涂在干壁上，时间久了就

① 春半：指春季已过半。

像风栗。

北枣、南枣、牙枣、圈枣等：肥者，清明前晒过，收新瓮中闭口藏之，过夏如新。

【译】北枣、南枣、牙枣、圈枣等的收藏方法：选大个的枣，在清明前晒过，收入新瓮中且封闭瓮口后收藏，过了夏天就像新鲜的一样。

红枣、李干、梨子干、楸子干、羊枣干：宜火焙，日晒。

荔枝、龙眼：火焙，纸封竹器中，悬近火处。

榛子、胡桃：火焙，悬通风处。

乌榄仁、人面果仁：火焙，杂小腐炭，收近火处。

杨梅仁：带核收。

莲心、西瓜子仁：俱带壳收。

榧子、银杏：俱火焙。

【译】（略）

柿子：经霜后日深，摘下不损者，取柿叶藉入新瓮中，上令通气，可留至春。

【译】柿子的收藏方法：经过霜后几日，摘下没有破损的柿子，用柿叶垫底将柿子放入新瓮中，上面要通气，可保存至春天。

葡萄：取带枝颗全者，熔腊固其折尽处，轻置新瓮中，密封之，可过冬。

【译】葡萄的收藏方法：取带枝颗粒全的葡萄，将熔化的蜡涂抹在枝的折断处，轻轻放入新瓮中，密封，可以过冬。

柿饼、葡萄干：宜火焙，日晒。

马槟榔：宜火焙，收近火处。

菱：取风者，至春前去壳，火烘干，熟。

【译】（略）

橄榄：以有盖好锡瓶贮之，密封，置闲洁地，可留至五六月。

【译】橄榄的收藏方法：将橄榄放入带盖的锡瓶中收贮，密封，放在闲置干净的地方，可保存至五六月。

梨子：绵着苴之。有取一枚以数枚插于中。

莲菂干：宜火焙，日晒。

石榴干：藏麦中。

【译】（略）

沙桔、干柑、蜜柑、香柑：采不损者，收大口新瓷瓮中，上令通气，可交春经夏。

【译】沙橘、干柑、蜜柑、香柑的收藏方法：采来没有破损的柑橘，放入大口的新瓷瓮中，上面通风，可以从立春保存至夏天。

蜜桔、金桔、牛乳柑之类：霜后二三朝^①，采不击损者，收大口新瓷瓮中，上轻覆以粳稻秆。有取竹作大眼筐，贯粳稻秆，收置高处。最畏糯米、稻秆米与酒。《归田录》

---

① 朝：天；日。

云：“藏绿豆中可经时不变。”

【译】蜜橘、金橘、牛乳柑等的收藏方法：在霜后的两三天，采来没有打破的柑橘，放入大口的新瓷瓮中，上面轻轻地覆上粳稻秆。有的用竹子做成大眼筐，放上粳稻秆，装入柑橘放在高处。柑橘最怕糯米、稻秆米与酒。

地栗：带土在地。

【译】（略）

甘蔗、藕：以草荐藉地卧之，又覆以荐，常用水湿。

【译】甘蔗、藕的收藏方法：用草垫地放上甘蔗、藕，再盖上草，经常洒些水，让草湿润。

松子：火焙，同防风。悬通风处，不油，防风亦不坏。

【译】（略）

鸡头：雨水浸，有雨则易。或入瓶，以篾簟①掩口，浸清水池中，虽经年不坏。晒干者，亦可久留②。

【译】芡实的收藏方法：将芡实用雨水浸泡，如果下雨再换雨水。或者将芡实装入瓶中，用竹篾编的席子覆盖瓶口，泡入清水池中，过一年都不会坏。晒干的芡实，也可以长时间保存。

熏果：宜火焙。

---

① 篾簟：竹篾编的席子。

② 此处底本眉批：难得好水池，只乞雨水浸矣。

凡人面果①、乌榄、白梅等之盐腌者，皆宜常日晒，入罐。

【译】（略）

远藏新果

用新瓷瓶入新果，如杨梅、樱桃之类。杂薄荷、盐，矾水浸，以油纸数层，同木盖竹箬紧幂其口，置之清冷泉内。虽久而色如新。必立夏时置井中，至立冬置地间。每斤果盐一两，明矾六钱。水用满。六月六日储水浸桃、李、梅、杏、枇杷、林檎、鲜果之类，不易坏。须入新瓮中密封之。

【译】用新的瓷瓶来盛新鲜的水果，如杨梅、樱桃等。要在水果中掺入薄荷、盐，用矾水浸泡，用几层的油纸、竹箬、木盖覆盖并将瓶口封闭严实，放入清凉的泉水内。虽保存时间长，但水果的颜色与新鲜的一样。一定要在立夏时放在井中，到了立冬再取出放在地上。每斤水果用一两盐、六钱明矾。水要浸泡满。在六月六日储备水来浸泡桃、李、梅、杏、枇杷、沙果及其他鲜果，不易坏。一定要将水果放入新的瓮中密封严实。

藏五谷

糙粳米：用整齐稻秆干者，积之仓下，布板上，令通

---

① 人面果：也称"人面子"，属漆树科。麦秋结实，果味甘酸，有檬果诱气，形圆似索，因其核两边似人面，故名。

气，苇箔卷者上必以乱稻秆苫①，热则可收其湿而不红腐②。江右③人以水浸谷二三日，沥，于甑中蒸，米涨出为度。晒至绝干，取而砻米，散收数十年，既无红腐，亦不蛀食④。

【译】糙粳米的收藏方法：将干且整齐的稻秆放在粮仓下，将米铺在板上，使仓内通气，用卷起的苇箔上要用乱稻秆来遮盖，吸收仓内的湿热使米不会变红且腐败。江右的人用水将谷物浸泡两三天，沥干水分，放在甑中蒸制，蒸到米涨起为止。再将米晒至极干，取出砻过的米，散收数十年，米不会变红腐败，也不会被虫蛀。

黄粳米：须冬春者佳，入仓必用齐整稻秆积之。欲黄，取水溲糠麧⑤，以稻秆苴，置米底中。每米一百石，止可二三苴。范至能有《冬舂行》。

【译】黄粳米的收藏方法：要选冬天春的黄粳米为好，放入粮仓时，要放些齐整的稻秆。如果想让米黄，用水和糠麧，用稻秆裹好，放在米底中。每一百石米，只能用两三个稻秆裹的糠麧。

糯米：不宜热黄，则用凉篅篅市缘切囷⑥氏伦切积之，

---

① 苫（shàn）：遮盖。

② 红腐：指米变红且腐败。

③ 江右：隋唐以前，习惯上称长江下游北岸和淮河中下游以南地区为江右。

④ 此处底本眉批：有理。

⑤ 麧（hé）：麦糠里的粗屑。

⑥ 篅（chuán）囷（qūn）：古代一种圆形的谷仓。

内立以竹笼通气，而无热黄之患①。

【译】糯米的收藏方法：糯米不能发热变黄，要用竹篾编的粮仓来储存，粮仓内立起竹笼方便通气，这样就不会有糯米发热变黄的顾虑了。

白粳米：同糯米。

【译】（略）

凡米，春疏者为粝②力葛切，微春者曰脱粟。每一石春得九斗为粺③蒲卖切，得八斗为糳④，得七斗为侍御⑤。

【译】春得粗糙的米称为糙米，微微春的米称为脱粟。每一石米春得九斗为精米，春得八斗为糳，春得七斗为侍御。

谷：散收在仓，冬则以乱稻秆覆上，至春动，收其热气，则无气秡⑥蒲活切谷。

【译】谷的收藏方法：将谷散收在仓内，冬季用乱稻秆覆盖，到了春天再动，稻秆吸收热气，则无气秡谷。

大麦、小麦：经湿则化为蝶⑦，须初伏内烈日晒甚燥，乘热时封积音渍之，或杂苍耳、辣蓼同收。

----

① 此处底本眉批：黄亦无害。

② 粝（lì）：糙米。

③ 粺（bài）：精米。

④ 糳（zuò）：春过的精米。

⑤ 侍御：指专供帝王食用的极精细的米粮。

⑥ 秡（bó）：禾伤。

⑦ 化为蝶：这里指麦生虫。生虫后会化为蝶。

【译】大麦、小麦的收藏方法：麦湿后会生虫，要在初伏内在烈日下晒得极干，趁热时收贮，或者掺入苍耳、辣蓼一同收贮。

小麦面：置铁器于中不馊色求切。

【译】（略）

豆、大豆、赤豆、绿豆之属：皆晒干散仓，通气。大豆肥满时，连科本晒至叶干，积于稻秆中。至春时欲用，先以水浸，煮如新摘。

【译】豆、大豆、赤豆、绿豆之属的收藏方法：将豆晒干后散收在仓内，通气。大豆正饱满的时候，整株晒至叶干，放在稻秆中。到了春天时想取用，先用水浸泡，煮后像新摘的一样。

芝麻：晒，散仓收，干。

白菜子：晒干，散仓收。

【译】（略）

凡米谷，又有为露积①者，下用砖石，甃砌须高。又用稻秆，覆藉周密，四围②又立石柱辅之，始能悠久。然在露积者米谷之色尤更鲜明于仓室中收藏者也。《诗》曰："我仓既盈，我庾维亿。"若营州③辽阳之地，宜为土窖，亦能

---

① 露积：露天堆积。

② 四围：四周。

③ 营州：今辽宁及其周边地区。营州自古与中原同步发展，是中国的一部分。

久藏^①。

【译】也有露天堆积粮食的，下面用砖石砌，砌得要高。再用稻秆下垫上盖，要严实，四周再立石柱来辅助支撑，这样才能长久保存。然而露天堆积的粮食比在粮仓和屋里收藏的粮食颜色更鲜明。在营州辽阳这些地方，适合用土窖存粮食，也能长久保存。

---

① 此处底本眉批：此法极好。

宜禁制

宜制

医学曰：五谷为养谓粳米、麦、小豆、大豆、黄黍也，五果为助谓桃、李、杏、栗、枣也，五畜为益谓牛、羊、豕、犬、鸡也，五菜为充谓葵、藿、薤、葱、韭也。又曰：肝宜食甘粳米、牛肉、枣、葵皆甘，心宜食酸小豆、犬肉、李、韭皆酸，肺宜食苦小麦、羊肉、杏、薤皆苦，脾宜食咸大豆、豕肉①、栗、藿皆咸，肾宜食辛黄黍、鸡肉、桃、葱皆辛。辛散，酸收，甘缓，苦坚，咸㬅②。

《周礼·食医》云："食齐③视春时，羹齐视夏时，酱齐视秋时，饮齐视冬时。"

春多醋，夏多苦，秋多辛，冬多咸，调以滑甘。

牛宜秜④音杜，羊宜黍，豕宜稷⑤，犬宜粱，雁宜麦，鱼宜苽⑥音孤。凡君子之食恒放焉。

---

① 豕肉：猪肉。

② 㬅（nuǎn）：缩也。

③ 齐（jì）：调味品。食齐、羹齐、酱齐、饮齐，郑氏注曰："饭宜温，羹宜热，酱宜凉，饮宜寒。"（见《内则》）

④ 秜（tú）：稻。

⑤ 稷（jì）：古代称一种粮食作物，有的书说是黍一类的作物，有的书说是谷子（粟）。

⑥ 苽（gū）：多年生水生草本植物。生在浅水里，开淡紫红色小花。嫩茎经菰黑粉菌寄生后膨大，叫茭白，果实叫菰米，均可食。

春宜羔豚①膳膏膮②音香，夏宜腒③音渠鱐④音搜膳膏臊⑤音搔，秋宜犊⑥麛⑦音迷膳膏腥⑧，冬宜鲜⑨羽膳膏羶⑩。

王氏曰："饮食人之本也。本得其养，无物不长；本失其养，无物不消。于无事之时而顺适之有道，而疾病何自至哉？"

杨龟山曰："所以养阴阳之气，不可偏胜。凡此皆卫生之道也。先王于食有医，所以治未疾也。凡百君子所以自养者，常仿先王如此。至疾而后医，则未矣。是固《周官·疾医》施于万民，而君子不与焉。"

【译】（略）

禁制

医学曰：五味有禁。辛走气，气病无多食辛；苦走骨，骨病无多食苦；甘走肉，肉病无多食甘；酸走筋，筋疾无多食酸；咸走血，血病无多食咸。

---

① 豚：猪。

② 膮（xiāng）：牛肉羹。

③ 腒（jū）：鸟类的干脯。

④ 鱐（sù）：干鱼。

⑤ 臊（sāo）：腥臊。

⑥ 犊（dú）：小牛。

⑦ 麛（mí）：小鹿。

⑧ 腥：这里指鸡油。

⑨ 鲜：生鱼。

⑩ 羶：羊油。

《饮膳正要》曰：本《内经·素问》言五味偏走。多食酸，肝气以津，脾气乃绝，则肉胝竹尾切胕[1]而唇揭；多食咸，骨气劳短肌气折，则脉凝泣而变色；多食甘，心气喘满，色黑，肾气不平，则骨痛而发落；多食苦，脾气不滞，胃气乃厚，则皮槁而毛拔；多食辛，筋脉阻弛，精神乃央，则筋急而爪枯。

《礼记》曰：九物——雏鳖伏乳者、狼肠、狗肾、狸正脊、兔尻[2]、狐首、豚脑、鱼乙骨为篆乙之形、鳖丑窍，又颈下有骨能毒人。六物——牛夜鸣者庮[3]音由，臭也，羊冷毛而毳[4]者羶毛本稀冷而毛偏毳枯，狗赤股而躁者臊腹里无毛□□□□，举动急躁□□□□，鸟皫[5]而沙鸣者郁色变而无润泽，鸣而其声沙嘶。郁腐臭也。皫，所奏切，豕交睫而望视者腥望视，举目高也。交睫，目睫毛交也。腥，肉中生小息肉，如米者。睫，音接，马黑脊而般[6]漏般臂前躯毛斑也，漏肉为蝼，蛄臭也。般，音班。漏，音娄。

---

① 胝（zhī）胕（zhù）：皮厚而皱。

② 尻（kāo）：脊骨的末端。

③ 庮（yóu）：腐朽木头的臭味。

④ 毳（cuì）：鸟兽的细毛。

⑤ 皫（piǎo）：羽毛失去光泽。

⑥ 般：似应为"股"。股，大腿。

孔子曰：食饐①而餲②，鱼馁而食败③不食，色恶不食④，臭恶不食⑤，失饪不食⑥，不时不食⑦，割不正不食⑧，不得其酱不食⑨。

酒不宜久贮于锡器中，亦忌铜器。酱内有盐，置贮铜器中作腥。醋忌贮铜器，味涩。油贮铜、锡器，发腻。凡铜、醋、油经之，皆能生鉎⑩音生也。

【译】（略）

---

① 饐（yì）：食物经久发臭。

② 餲（ài）：食物经久变味。

③ 败：腐败。

④ 色恶不食：食物颜色变坏的不吃。

⑤ 臭（xiù）恶不食：食物气味变坏的不吃。

⑥ 失饪不食：未经烹饪成熟或烹饪不合要求的不吃。

⑦ 不时不食：未到节令或过了节令的食物不吃。

⑧ 割不正不食：肉切割不正，刀功不合要求的不吃。

⑨ 不得其酱不食：没有得到适当的调味用酱，不吃。

⑩ 鉎（shēng）：生锈。